KB091137

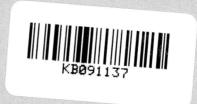

개의 작동 원리

HOW DOGS WORK

대니얼 타타스키
데이비드 험프리스 그림
김다희 옮김

DK

개의 작동 원리

반려견을 위한 과학 그리고 그 이상

사이언스 SCIENCE BOOKS 북스

HOW DOGS WORK:
A HEAD-TO-TAIL GUIDE TO YOUR CANINE

Text copyright © Daniel Tatarsky, 2021
Illustration copyright © David Humphries, 2021
The right of Daniel Tatarsky and David Humphries to be identified as the author and illustrator respectively of this Work has been asserted by them in accordance with the Copyright, Designs & Patents Act 1988

Illustrations on pp. 22-23, 32-33, 40-41, 52-53, 70-71, 104-105, 118-119 © Dorling Kindersley Limited, 2021
Design copyright © Dorling Kindersley Limited, 2021
A Penguin Random House Company
All rights reserved.

Korean Translation Copyright © ScienceBooks 2023

Korean translation edition is published by arrangement with Dorling Kindersley Limited.

이 책의 한국어판 저작권은 Dorling Kindersley Limited와 독점 계약한 ㈜사이언스북스에 있습니다.

저작권법에 의해 한국 내에서 보호를 받는 저작물이므로 무단 전재와 무단 복제를 금합니다.

For the curious
www.dk.com

개의 작동 원리

1판 1쇄 찍음 2023년 6월 30일
1판 1쇄 펴냄 2023년 7월 31일

지은이 대니얼 타타스키
그린이 데이비드 험프리스
옮긴이 김다히
펴낸이 박상준
펴낸곳 ㈜사이언스북스

출판등록 1997. 3. 24.(제16-1444호)
(우)06027 서울특별시 강남구 도산대로1길 62
대표전화 515-2000 팩시밀리 515-2007
편집부 517-4263 팩시밀리 514-2329
www.sciencebooks.co.kr

한국어판 © ㈜사이언스북스, 2023.
Printed in China.
ISBN 979-11-92908-01-4 03400

한국어판 책 디자인 이민지

대니얼 타타스키 Daniel Tatarsky
경제학, 수학, 물리학, 생물 공학을 공부하고 아트 에듀케이셔널 스쿨스 런던 대학원에서 연기를 전공했다. 「스탈린이 죽었다」, 「로마」 등에 출연한 영화배우이자 TV 시리즈 감독, 베이징 올림픽 축구 중계 등 다양한 활동을 해 오며 『누구나 알아야 할 모든 것』, 『창의력 팡팡! 신기한 과학 실험실』 등 10개 이상의 언어로 번역된 14권의 책을 썼다. 아내 케이티, 보더 콜리인 루니와 런던에서 살고 있다.

그린이 데이비드 험프리스 David Humphries
로열 메일, 내셔널 웨스트민스터 은행 등 다양한 광고 일러스트와 《더 가디언》, 《리더스 다이제스트》의 삽화를 담당했다. 아내, 두 아이, 자전거 일곱 대와 런던에서 살고 있다.

옮긴이 김다히
연세 대학교, 미국 오하이오 주립 대학교에서 영어학을 공부했다. 말소리의 과학, 영어 교육, 문해를 가르치며 책과 영상을 우리말로 옮긴다. 옮긴 책에 『스타 토크』, 『어머니 나무를 찾아서』 등이 있다. 30년간 개와 함께 살았다.

FSC
www.fsc.org
MIX
Paper | Supporting responsible forestry
FSC™ C018179

이 책은 지속 가능한 미래를 위한 DK의 작은 발걸음의 일환으로 Forest Stewardship Council ™ 인증을 받은 종이로 제작했습니다. 자세한 내용은 다음을 참조하십시오.
www.dk.com/our-green-pledge

차례

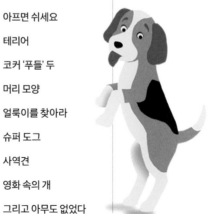

들어가는 글

옛날, 어린 시절 나는 개가 싫었다. 개가 무서웠다. 가까이 오는 개를 보면 심장이 쿵쾅댔고 피하려 했었다. 보더 테리어 루니(Rooney)가 내 인생에 들어오고 이 모든 것이 변했다.

우리는 루니라고 불렀지만 루니의 견사호(kennel name. 개 족보에 등재된 이름. — 옮긴이)**는 적잖이 거창한 오터스웰 케이더**(Ottaswell Cador)**였다.**

루니는 겨우 8주 된 너무나 조그만 강아지였고 내가 루니를 돌봐야 했다. 개를 돌보려면 나도 다른 개들과 교류해야 한다는 점은 생각도 못했다. 사회화 수업에 참여하며 루니와 산책하다 공원에 있는 개라는 개는 모두 만나게 되었다! 겨우 몇 개월 된 강아지도 다른 개들을 겁내지 않는데 내가 개를 무서워할 수도 없고.

개와 함께 사는 데 익숙해져 가던 초반 몇 개월 동안 루니를 보며, 당연히 루니와 놀며 많은 시간을 보냈다. 루니에게는 모든 것이 새로웠고 나도 루니의 눈을 통해 세상을 보기 시작했다. 루니가 통통 튀는 공을 갖고 놀면 공이 살아 있는 것 같았다. 집 근처에서 하는 잡기 놀이도 대단한 모험 같았다. 루니는 내가 만들어 내는 새 놀이를 너무 좋아했고 지겨워하지도 질려 하지도 않았다.

부모와 아이가 껴안을
때 분비되는 호르몬인
옥시토신은 개와 인간이 소통할
때도 분비량이 급증한다.

기다려, 엎드려 같은 간단한 재주를 가르치는 것마저 루니와 나에게는 보람이었다. 루니는 배우고 싶어했고, 루니가 꼬리치기를 내가 바라는 만큼 내가 미소짓기를 루니도 원했다. 우리는 서로에게서 최선의 모습을 이끌어낸 것 같다.

"개처럼 살라." 이런 말을 자주 듣게 된다. 루니와 같이 산 덕에 그 말뜻을 깨닫게 된 것 같다. 한마디로 요약하면 현재에 충실하라는 뜻이다. 루니는 매 순간 지금 하는 일을 사랑한다. 하던 일을 그만두고 나면 다음 일에 빠져든다. 그렇게 계속 살아간다.

루니를 만나지 못했다면 책을 쓸 생각도 못 했을 것이다. 이 책을 쓰겠다고 마음먹었을 때 개가 좋아할 만한 책을 쓰고 싶었다. 개에게도 치켜세울 엄지가 있고 개도 글을 읽을 줄 안다면 말이다.

어느 페이지나 재미있게 읽어도, 푹 빠져들어도 좋다. 그러고 나서는 다른 어떤 페이지로 넘어가도 상관없다. 첫 장부터 끝까지 읽을 필요도 없다. 펄쩍펄쩍 뛰어다니고 꼬리를 치고 웃기거나 생각하게 하거나 더 알아보고 싶게 만드는 대목들을 찾아보시기를. 그 후에는 다른 일도 보고 개랑 산책도 하고 또 책으로 돌아오시기를.

이 책의 지면을 모두 읽은 즈음에는 개들의 과학, 또 그 이상을 알게 되면 좋겠다. 또 어쩌면, 혹시나 어쩌면 좀 더 개처럼 살게 될 수 있지 않을까?

보더 테리어의 모색은
블루(blue), 탠(tan), 또는
그리즐(grizzle)이다. 루니의
모색은 블루였다.

개들의 아담과 이브

우리 행성에서 개보다 폭넓은 다양성을 보이는 종은 전혀 없다. 그래서 치와와부터 그레이트 데인까지 모든 개가 늑대에서 진화했고, 한때는 모든 개가 비슷하게 생겼다고 상상하기 어렵지만 사실이다.

진화

우리는 오랫동안 개가 현존하는 회색 늑대의 직계 후손이라고 믿어 왔다. 이 믿음은 최근에 뒤집혀 현재 이론에 따르면 개는 회색 늑대와 친척 관계지만 9촌쯤 되는 친척이라고 한다. 라틴 어로 카니스 파밀리아리스(*Canis familiaris*)라는 이름이 붙은 가축화된 개의 조상은 아마 지금은 멸종했을 것이다. 개의 조상은 늑대였지만 우리가 아는 회색 늑대의 선조는 아니다.

약 2만~4만 년 전 어떤 시점에 개는 늑대 계열에서 갈라져 나왔으나 오늘날의 개와 직접적 친족 관계인 개 중 가장 오래된 개는 1만 4500년 전까지 거슬러 올라간다. 덕분에 우리는 개가 어디서 왔는지는 알 수 있지만 반쪽짜리 이야기에 불과하다. 어쩌다 개가 이만큼이나 다양해졌는가 하는 질문이 아직 남아 있다. 정답은 길들이기(domestication, 가축화) 때문이고, 인간이 범인이다. 그렇다, 우리가 한 짓이다.

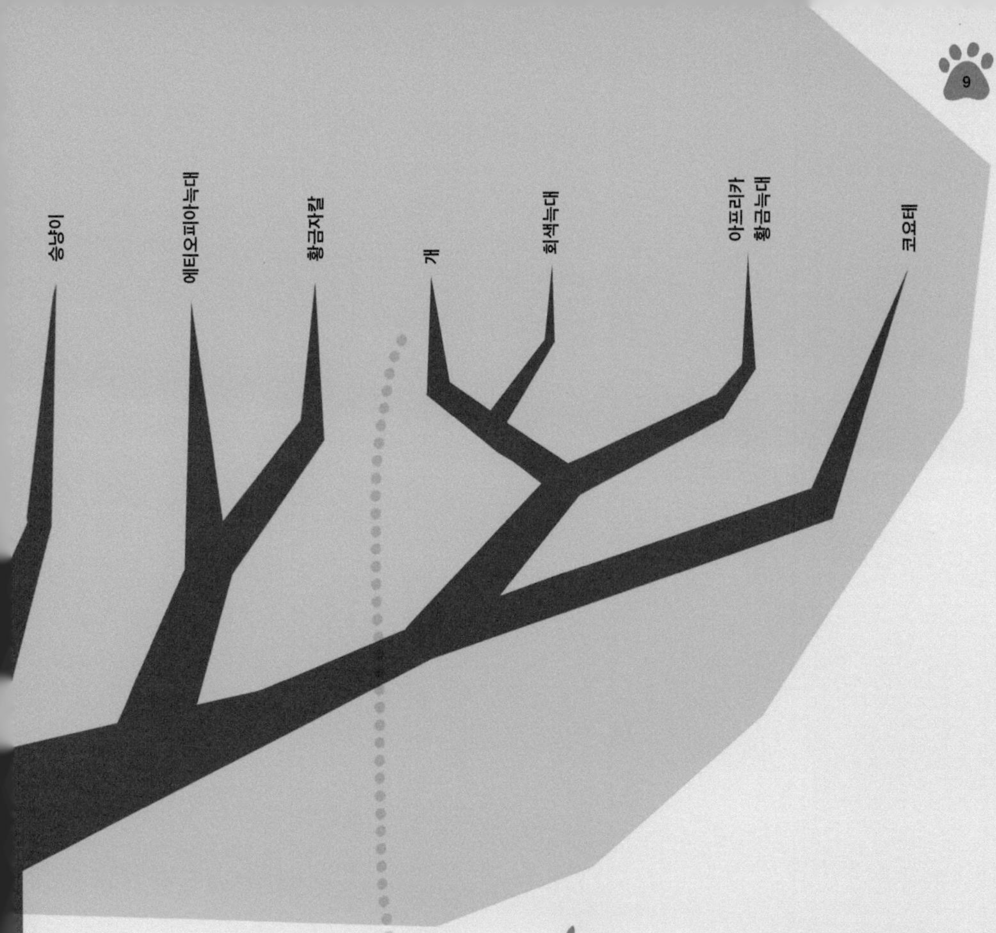

길들이기

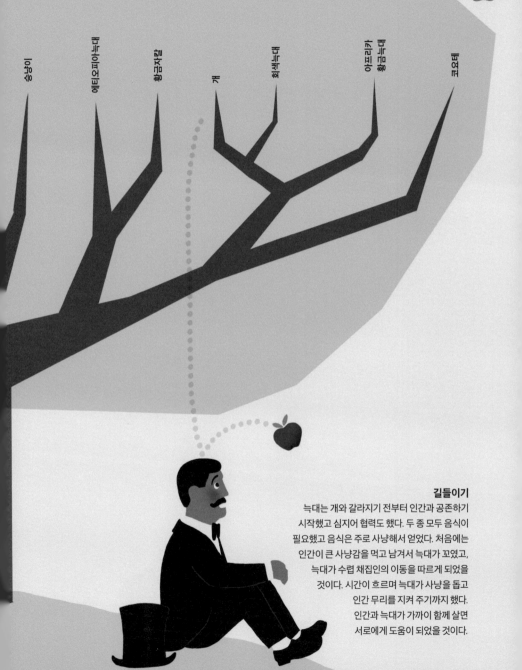

늑대는 개와 갈라지기 전부터 인간과 공존하기 시작했고 심지어 협력도 했다. 두 종 모두 음식이 필요했고 음식은 주로 사냥해서 얻었다. 처음에는 인간이 큰 사냥감을 먹고 남겨서 늑대가 꼬였고, 늑대가 수렵 채집인의 이동을 따르게 되었을 것이다. 시간이 흐르며 늑대가 사냥을 돕고 인간 무리를 지켜 주기까지 했다. 인간과 늑대가 가까이 함께 살면 서로에게 도움이 되었을 것이다.

길들이기부터 선택적 교배까지

수렵 채집인들이 농사를 발견했을 때 개의 조상들은 의심할 여지 없이 인간과 함께 지냈을 것이다. 굳이 사냥을 나가지 않아도 이제는 늘 먹을거리가 나올 구멍이 있었을 테니. 원시적인 농장 주변에는 정착촌이 생겨났고 모두에게 할 일이 있었다. 이 면모가 매우 중요하다. 할 일이 있던 모두에 개도 포함되니까. 살기 힘들던 시절이라 개를 반려동물로 기를 수는 없었으므로 개도 제 밥벌이를 해야 했다. 인간처럼 개들에게도 제 나름의 기술이 있었을 테다.

빅토리아 시대의 슈퍼 브리더

선택적 교배는 빅토리아 시대에 와서야 본격적으로 시작되었다. 과학적 사고와 실험이 폭발적으로 성장했고 진화에 대한 이해도 깊어졌다. 덕분에 빅토리아 시대 사람들은 교배를 극한 수준까지 몰아붙일 수 있었고 그렇게 하도록 권장되었다.

귀한 기술

어떤 기술의 귀중함이 알려지면 인간의 개입을 피할 수 없었다. 쓸모 있는 개가 죽고 난 다음에도 특별한 성질을 후손에게 남겨서 인간에게 계속 서비스를 제공하도록 만들기 위해서였다.

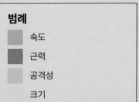

범례

속도
근력
공격성
크기

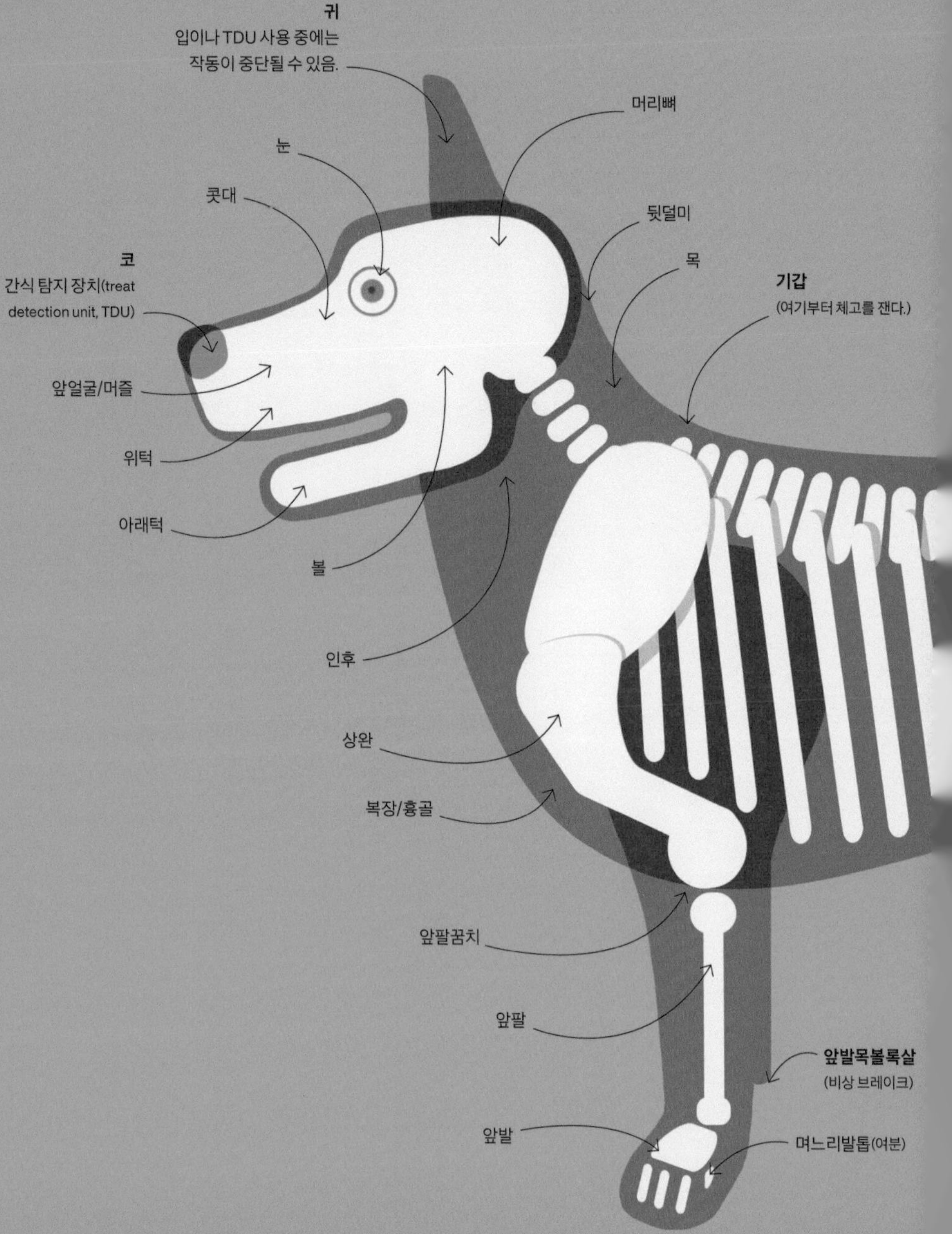
귀
입이나 TDU 사용 중에는
작동이 중단될 수 있음.
머리뼈
눈
콧대
뒷덜미
목
코
간식 탐지 장치(treat
detection unit, TDU)
기갑
(여기부터 체고를 잰다.)
앞얼굴/머즐
위턱
아래턱
볼
인후
상완
복장/흉골
앞팔꿈치
앞팔
앞발목볼록살
(비상 브레이크)
앞발
며느리발톱(여분)

개의 해부 구조 기초편

개의 해부적 특성은 상당히 분명하다. 코, 꼬리, 눈 등등. 하지만 일부 용어는 생소하다. 개의 무엇이 어디 붙었는지 간단히 소개한다.

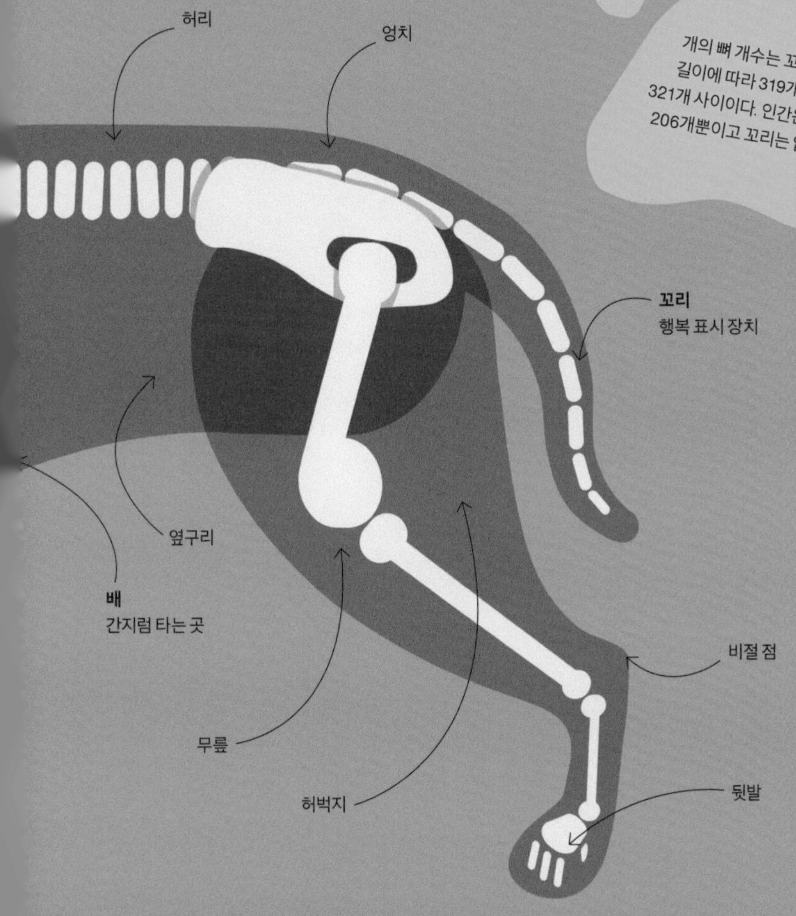

개의 뼈 개수는 꼬리 길이에 따라 319개와 321개 사이이다. 인간은 뼈가 206개뿐이고 꼬리는 없다.

몸으로 말해요

개 몸의 전반적 자세에는 뜻이 있다. 목줄을 맨 개를 데리고 다른 개들에게 가까이 갈 때는 주의해야 한다. 목줄 때문에 개가 의도치 않은 각도로 서게 되어 실제 기분과 사뭇 다른 인상을 줄 수 있기 때문이다. 보호자가 개를 뒤로 당기면 다른 개가 보기에 친절한 자세에서 공격적인 자세로 바뀌어 버린다.

혀 내밀기

몸짓 언어에서 개의 혀가 나와 있다면 간단히 개가 편안하다는 뜻이다.

꼬리의 이야기

꼬리 흔들기는 천 마디 말만큼 의미가 깊다. 꼬리 이야기를 번역하는 법은 16~17쪽을 참고하라.

엉덩이 킁킁대기

개 두 마리가 서로 가까이 가면 미묘한 몸짓이 오가고 마지막에는 꼭 엉덩이를 킁킁대며 끝이 난다. 개에게는 무슨 의미가 있는 모양이지만, 인간에게는 아무 의미도 없다.

몸짓 읽기

인류는 말을 발전시켰기에 몸짓 언어를 읽고 사용하는 능력이 퇴화했다. 반면 개들은 몸짓 언어에 무척 능하다.

편안한 상태

중립, 똑바른 자세임.

경계, 동작 준비 완료

앞으로 기대서 체중을 앞다리에 실음.
등부터 꼬리까지 내리막을 그림.

열정, 신나서 놀고 싶음

앞다리를 벌리고 앞으로 딛음.
뒷다리는 곧고 꼬리를 흔듦.

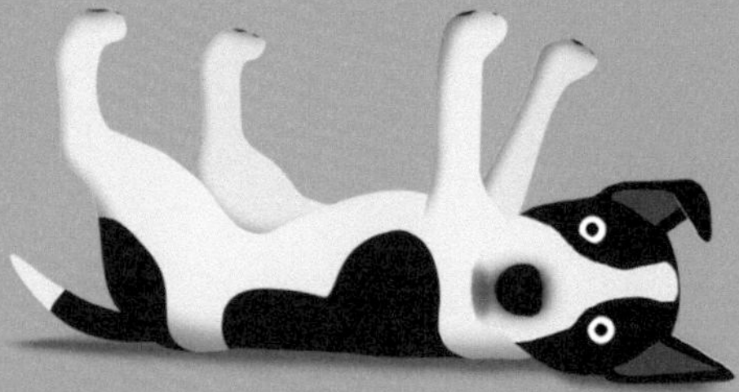

항복

다른 개가 가까이 오면 등을 바닥에 대고 누움.

겁먹음

다리를 굽히고 자세는 낮춰 엎드림.
꼬리가 아래로 말려들어감.

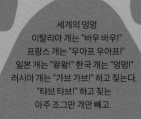

세계의 멍멍
이탈리아 개는 “바우 바우!”
프랑스 개는 “우아프 우아프!”
일본 개는 “왕왕!” 한국 개는 “멍멍!”
러시아 개는 “가브 가브!” 하고 짖는다.
“탸브 탸브!” 하고 짖는
아주 조그만 개만 빼고.

왼쪽 오른쪽으로 꼬리 흔들기
기분이 좋음.

왼쪽 오른쪽으로 꼬리 빠르게 흔들기
몹시 기분이 좋음.

왼쪽으로 흔들기
걱정됨.

오른쪽으로 흔들기
편안함.

꼬리로 하는 이야기

누구나 하고 싶은 말이 있다. 개의 꼬리도 물론 할 말이 매우 많다. 인간이 개에 대해 별로 아는 것이 없다지만 꼬리를 흔드는 개는 기분이 좋다는 정도는 안다. 한때는 인간에게도 있던, 그러나 수천 년 전에 없어진 이 신기하게 달랑거리는 물건은 우리에게 그보다도 훨씬 많은 이야기를 들려준다.

앞을 향하면: 나는 전갈이다!
위를 향하면: 동작 준비 완료, 열정
뒤를 향하면: 주의 집중, 정신 집중
아래를 향하면: 걱정됨.
아래를 향하고 다리 사이로 말려 들어가면: 겁먹음.

꼬리 측정계

이 편리한 원형 측정기는 꼬리 움직임의 각도를 측정한다. 후방의 움직임을 확인하고 꼬리의 위치를 도표에서 찾아보며 개의 기분을 알아보시기 바란다. 인간이 꼬리를 잃어버려서 참 안타깝다.

귀를 쫑긋

일부 견종은 귀가 너무 축 늘어져서 귀로 별다른 신호를 보내지 못한다. 하지만 개의 귀는 좋은 의미로 말이 많다. 고개를 갸웃하는 동작에 관해서는 약간의 논란이 있다. 어떤 전문가들은 개가 사람의 얼굴 전체를 보려고 고개를 갸웃거린다고 생각하지만 개의 주둥이가 시야를 가린다. 귀의 상대적 위치를 이동시켜서 소리가 나는 방향을 정확히 알기 위해 고개를 갸웃거린다고 믿는 전문가들도 있다. 마지막으로 고개를 갸우뚱하는 자신이 엄청나게 귀엽다는 사실을 개가 잘 알고 있다는 이론도 있다.

겁에 질리면
뒤로 누움.
무서워서 곧 도망가려 함.

걱정하면
옆으로 세움.
뭔가 잘못됐는데.

경계하면
앞으로 세움.
딱히 우호적이지 않음.

공격 준비 완료
앞을 향해 누움.
매우 좋지 못한 징조.

12시 방향
당신을 주시함.
지금은 일단 너에게 관심을 주고
있으니 기회를 놓치지 말렴!

1시 방향
당신을 주시함.
뭐라고? 지금 밥 생각하던 중이라.
다시 한번 말 해 줄래?

2시 방향
당신을 주시함.
이번엔 무슨 말인지 듣기는 했는데
이해는 못 했어. 한번 더 말해 줘.

2시에서 10시 방향
당신을 주시함.
똑같은 말을 또 하는데
못 알아듣겠거든.
그냥 잡기 놀이나 할까?

12시 방향
바닥을 바라봄.
여기 오긴 했는데 네 말에
딱히 관심은 없어.
이러다 나 잠들어 버릴 수도 있다.

12시 방향
당신 머리 위를 올려다봄.
모자 썼네?
우리 진짜 밖에 나가는 거야?
정말이지?

혈통견

사람들은 개에 별개의 품종이 있음을 수백 년 동안 알고 있었다. 하지만 19세기 중반에 와서야 품종 분류가 공식적으로 인정되었다. 브리더들은 외양, 행동 등 각 품종의 표준에 동의하는 클럽을 결성했고 기준에 부합하는 개들은 '혈통견'으로 인정받았다.

같은 품종의 혈통견 두 마리가 강아지를 낳으면 자손 강아지도 혈통견이다. 강아지가 순종으로 인정받으려면 부모견이 혈통 대장(족보)에 등재되어 있고 출산 이 케널 클럽 등 개 관련 협회에 등록되어야 한다. 가장 오래된 개 관련 협회는 1873년에 설립된 TKC(The Kennel Club, 더 케널 클럽)로 영국에서 일관된 견종 표

견종 그룹

케널 클럽에서 분류하는 견종 그룹은 다음과 같다. TKC는 221개 견종을, AKC는 197개 견종을 인정한다. FCI는 엄청나게 많은 354개 견종을 인정한다. 멍멍!

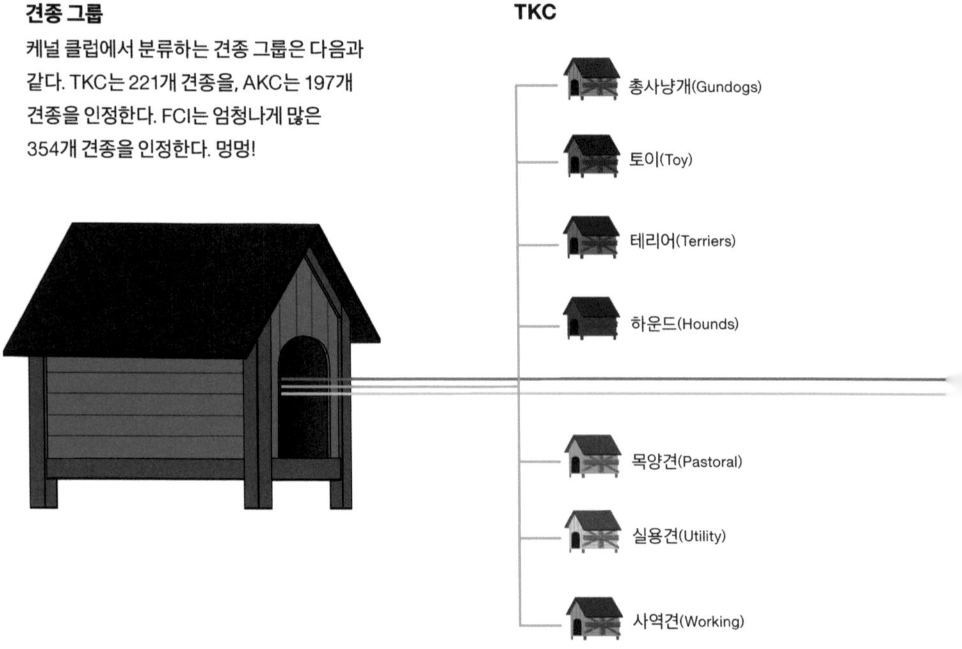

준을 확립했다.

AKC(The American Kennel Club, 미국 케널 클럽)는 미국의 개 품종을 관리하며, FCI(Fédération Cynologique Internationale, 국제 애견 연맹)는 98개 회원국의 개 품종을 기술한다.

TKC는 혈통견을 7가지 견종 그룹으로 분류한다. AKC도 7그룹을 사용하지만 견종 그룹의 정의는 TKC와 다르다. FCI는 인정하는 견종 수가 더 많고 순혈견을 10그룹으로 분류한다.

견종 표준

케널 클럽에서는 견종 일관성 확보를 위해 브리더들이 따를 기준을 정한다.

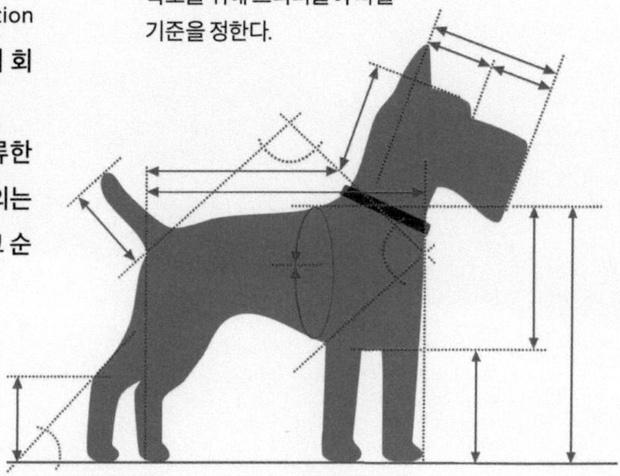

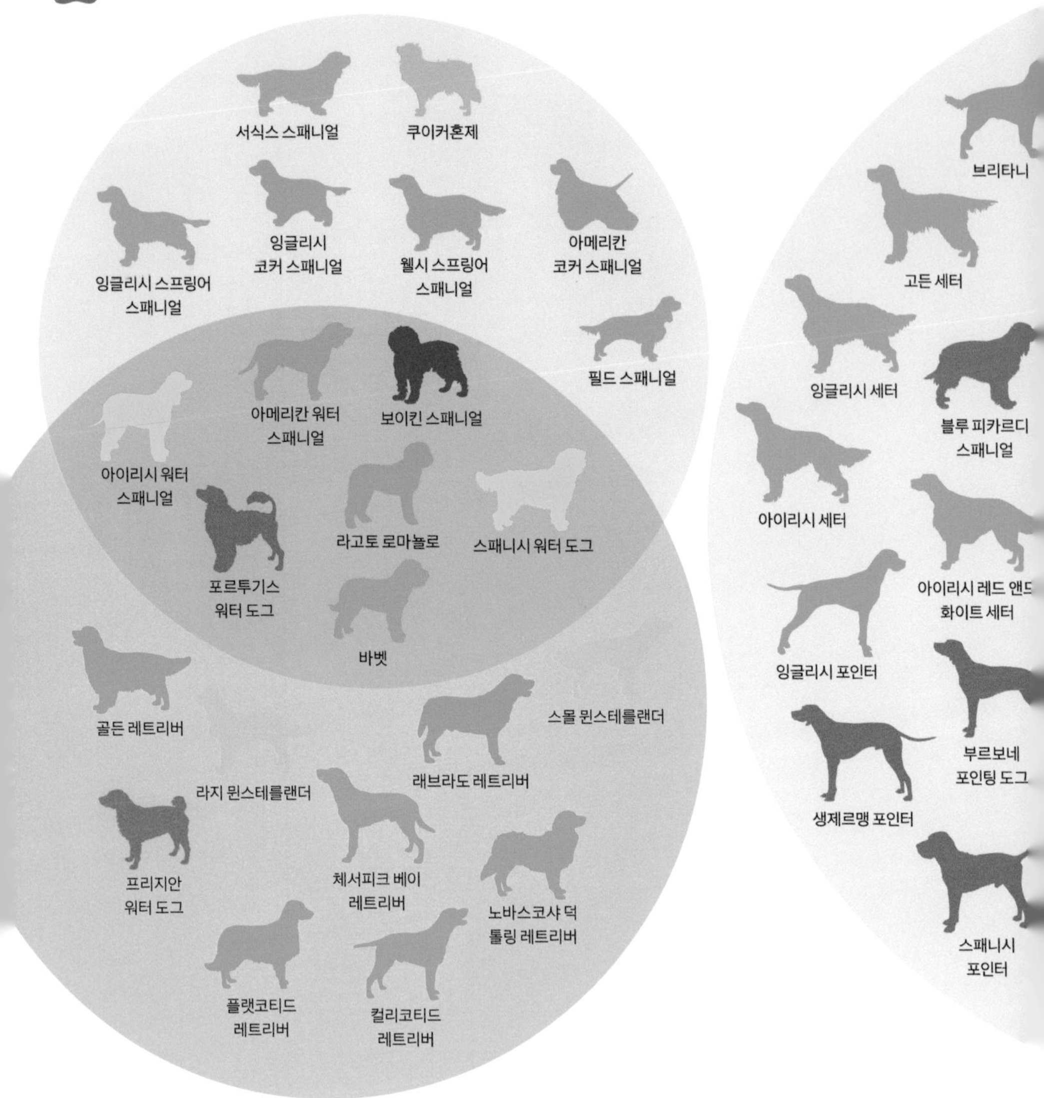

케널에 따른 분류

AKC는 총사냥개를 조렵견(Sporting) 그룹으로 분류하는 반면 FCI는 총사냥개를 역할에 따라 포인팅 도그 그룹, 레트리버·플러싱·워터 도그 그룹 이렇게 두 그룹으로 분류한다.

범례

견종

- 플러셔
- 레트리버
- 포인터
- 플러셔·레트리버

소속 협회

- AKC
- FCI
- AKC, FCI
- TKC, FCI
- AKC, FCI, TKC

총사냥개

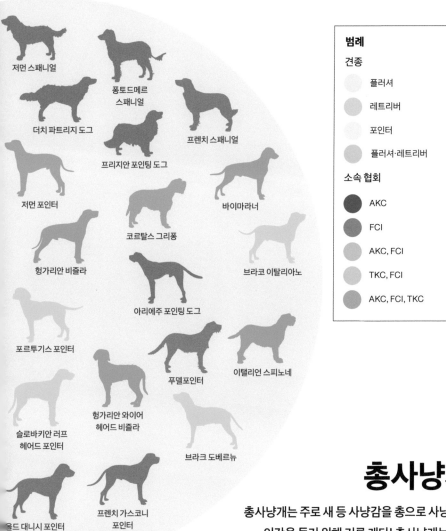

총사냥개는 주로 새 등 사냥감을 총으로 사냥하는 인간을 돕기 위해 기른 개다! 총사냥개는 새를 찾아내거나, 새가 날아오르도록 유도하거나, 총에 맞은 새를 사람에게 물어다 준다. 대개 이 세 역할 중 한 가지에 특화되어 있지만 일부 견종은 세 역할을 모두 맡기도 한다. 포인터는 사냥감을 찾아내서 사냥꾼이나 다른 개가 사냥감의 움직임을 유도하기 전까지 사냥감이 있는 방향을 향해 가만히 서 있다. 레트리버는 사냥감을 망가뜨리지 않고 물어온다.

총사냥개를 반려견으로 기르면

총사냥개는 종일 일하도록 만들어진 품종으므로 많이 움직여야 한다. 총사냥개는 훌륭한 트레이너라서 사람들과 잘 어울리고 다양한 환경에서 잘 지낸다. 총사냥개의 인기가 1970년대부터 가장 높은데, 바로 레트리버(래브라도, 골든)와 스패니얼(코커, 잉글리시 스프링어) 종 덕분이다. 이들은 1950년대 중반부터 인기 견종 순위에 꾸준히 이름을 올리고 있다. 총사냥개 일을 시키기 위해서가 아니라, 훈련이 잘 되고 충성스럽고 성품도 다정해서 가족의 반려견이 되기 딱 좋은 특징들을 갖고 있기 때문이다.

드렌츠 파트리지 도그

FCI와 AKC가 인정하는 견종이다. 하지만 TKC에서는 1970년대에 아주 잠시 동안만 인정을 받았다. AKC는 사역견으로 분류한다. 네덜란드 드렌터 지역이 원산지인 이 종(Patrijshond, 파트레이스혼트)은 가브리엘 메취(Gabriël Metsu)의 「목욕하고 나서 옷을 입는 사냥꾼」 등 17세기 그림에 등장한다.

코커 스패니얼

10년마다 집계하는 영국 10대 인기 견종에 빠짐없이 이름을 올린 견종은 코커 스패니얼이 유일하다. 가장 유명한 코커 스패니얼은 아마 디즈니 영화 「레이디와 트램프」의 레이디 아닐까? 코커 스패니얼에는 매우 비슷하지만 별개의 종인 아메리칸 코커 스패니얼과 잉글리시 코커 스패니얼이 있다. 원산지에서는 그냥 코커 스패니얼이라고 부르지만 다른 모든 곳에서는 나라 이름을 덧붙여 부른다.

레트리버

플랫코티드 레트리버 수가 줄어든 곳에서 골든 레트리버와 래브라도 레트리버의 인기가 점점 높아진다는 흥미로운 사실이 있다. 전 세계의 플랫코티드 레트리버 대비 골든 레트리버, 래브라도 레트리버 개체 수는 다음 표와 같다.

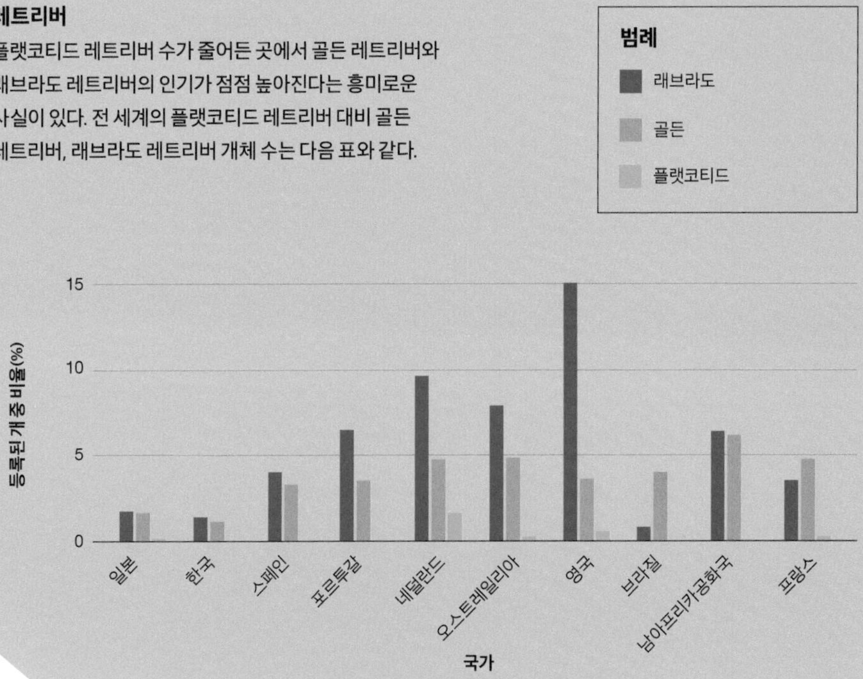

래브라도 레트리버

래브라도 레트리버는 세계에서 제일 인기 많은 견종이다. 대부분 국가의 조사에서 래브라도 레트리버는 인기 1위이고, 그 외 나라에서도 거의 늘 상위 5위 안에 든다. 훈련하기 쉽고 아이들과 매우 잘 지내고 무척 영리하기 때문에 모두가 래브라도 레트리버를 원하는 것도 놀랍지 않다.

유명한 개

미국의 팝 아티스트 앤디 워홀(Andy Warhol)은 “미래에는 누구나 15분 동안은 유명해질 것이다.”라는 말을 남긴 것으로 알려져 있다. 워홀의 닥스훈트도 15분 동안은 유명했다고 주장할 수 있다. 워홀은 닥스훈트를 어디든 데리고 다녔고 종종 함께 사진에 찍혔다. 아치(Archie)는 워홀 덕에 유명해졌지만 자신의 성취로 세간의 주목을 받은 개들도 있다.

범례

다음 기준으로 개의 명성을 5점 만점인 별점으로 표시했다.

★ **유명세**
얼마나 널리 알려진 개인지

★ **인류에게 얼마나 중요한지**
개가 인류 발전에 도움을 주었는지

★ **인지도**
개의 이름을 대중이 인지하는지

★ **대중 문화에 등장하는지**
다양한 매체에서 개를 다루었는지

★ **스타성**
개의 순수한 동물적 매력 그리고 매혹

잡종견
(사모예드 테리어 혼종)

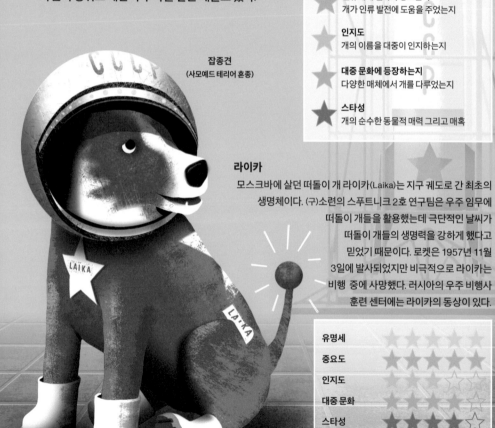

라이카

모스크바에 살던 떠돌이 개 라이카(Laika)는 지구 궤도로 간 최초의 생명체이다. (구)소련의 스푸트니크 2호 연구팀은 우주 임무에 떠돌이 개들을 활용했는데 극단적인 날씨가 떠돌이 개들의 생명력을 강하게 했다고 믿었기 때문이다. 로켓은 1957년 11월 3일에 발사되었지만 비극적으로 라이카는 비행 중에 사망했다. 러시아의 우주 비행사 훈련 센터에는 라이카의 동상이 있다.

유명세	★★★★★
중요도	★★★★★
인지도	★★★☆☆
대중 문화	★★★★☆
스타성	★★★★☆

니퍼

1899년, 영국의 화가인 프랜시스 배로(Francis Barraud)는 에디슨 실린더형 축음기의 나팔(horn)을 궁금하다는 듯 들여다보는 니퍼(Nipper)의 그림을 완성했다. 니퍼는 그림이 완성되기 4년 전에 죽었기에 자신을 그린 그림이 세계에서 제일 유명한 상표가 될 줄은 전혀 몰랐다. 「주인의 목소리」라는 이 그림은 전 세계의 음반 회사들이 사용했다.

테리어 혼종

로봇

1940년 9월 12일까지 프랑스 페리고르 지역의 라스코 동굴은 1만 7000년 동안 사람 손을 타지 않았다. 오늘날 라스코 동굴은 선사 시대 그림 때문에 전 세계적으로 유명하다. 로봇(Robot)이 우연히 발견해 준 덕분이다. 로봇은 주인인 18세의 마르셀 라비다, 세 친구들과 함께 산책을 하던 중 구멍 속으로 빠졌다. 네 두발 동물이 그들의 네발 달린 친구를 찾으러 동굴에 들어갔을 때, 그들은 구석기 시대 예술의 보고를 발견하리라고는 상상도 못 했다.

테리어 혼종

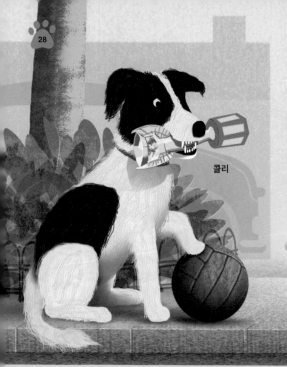

콜리

피클스

영국의 1966년은 국가 대표팀이 월드컵 우승을 차지한 해로 기억될 것이다. 하지만 피클스(Pickles)가 없었다면 시상할 우승컵도 없었을 것이다. 월드컵 트로피는 우표 전시회장에서 전시 중에 도난당했다. 피클스는 1주일 후 밖에서 산책하던 중 치 옆에서 신문에 싸인 트로피를 발견했다. 피클스는 상으로 우승자 연회에 초청받았고 주인인 데이비드 코르벳은 5000파운드를 차지하게 되었다.

유명세	★★★☆☆
중요도	★☆☆☆☆
인지도	★★★★☆
대중 문화	★★★☆☆
스타성	★★★★☆

기적의 개 바비

1923년 여름 미국 인디애나 주로 휴가를 떠난 브레이저 가족의 개 바비(Bobbie)는 개 세 마리에게 공격당해서 도망쳤다. 바비를 찾을 수 없던 가족은 다시 오리건의 집으로 돌아갔다. 6개월 후 바비는 브레이저 가족의 집에 나타났다. 집까지 가는 가장 짧은 길은 3463킬로미터였다. 하지만 바비가 일자로 뻗은 길을 따라 가지는 않았을 테니 그보다도 훨씬 먼 거리를 이동했을 것이다.

유명세	[illegible]
중요도	★☆☆☆☆
인지도	[illegible]
대중 문화	★★★☆☆
스타성	★★★★★

스코치 콜리 혼종

하치코

1920년대, 일본의 과학자 우에노 히데사부로는 매일 기차를 타고 통근했다. 그의 개 하치코(ハチ公)는 퇴근 시간이면 역에 주인을 마중나가곤 했다. 우에노가 죽고 나서도 충성스러운 하치코는 10년 후 자신이 죽을 때까지 역에서 주인을 계속 기다렸다. 하치코는 일본에서 충성의 상징이 되었다. 매년 하치코가 죽은 날 도쿄 시부야 역에서는 추모 행사가 열린다.

유명세	★★★★★
중요도	★★★★☆
인지도	★★★★★
대중 문화	★★★★☆
스타성	★★★★☆

최고의 견공

유명한 개 중에서도 제일 유명한 개는 누구일까?

잠자기

개들은 평균적으로 밤에 약 8시간 동안 잠을 자고 낮에는 4시간 정도 낮잠을 잔다. 개는 정말 오랫동안 잔다!

빈둥거리기

개가 활동을 하거나 먹은 후에는 그냥 누워서 빈둥대는 것을 볼 수 있다. 잠들지 않지만 그냥 즐겁게 뒹굴대며 하루에 약 7시간을 보낸다.

활동하기

개의 활동성은 당신이 개와 무엇을 하는가에 상당히 달려 있을 것이다. 하지만 이상적인 경우 개들은 하루에 5시간 정도 활동하면서 보낸다.

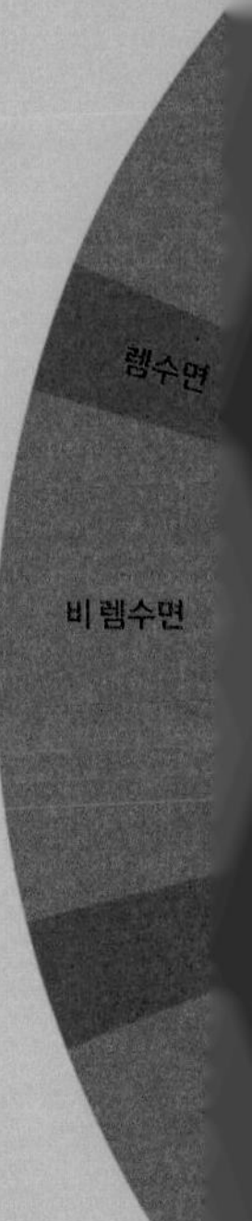

개같은 삶

평균적인 반려 멍멍이는 대부분 아무것도 하지 않으면서 시간을 보낸다. 24시간 중 80퍼센트가량을 자거나 그냥 빈둥거리는 데 쓴다. 남은 5시간 동안은 무엇을 할까?

개도 꿈을 꿀까?

"개도 꿈을 꿀까?" 이 엄청난 의문은 애견인들의 정신을 번쩍 들게 만든다. 그렇다. 당연히 개도 꿈을 꾼다. 몇 분 정도 여유가 있다면 자는 개 옆에 한 번 앉아 있어 보시라. 오래지 않아 무언가가 들썩대거나 개가 우스꽝스러운 소리를 낼 것이다. 꿈 때문에 자기도 모르게 나오는 행동들이다. 심지어 기분 좋은 꿈을 꾸는 개들이 꼬리 흔드는 것도 볼 수도 있다!

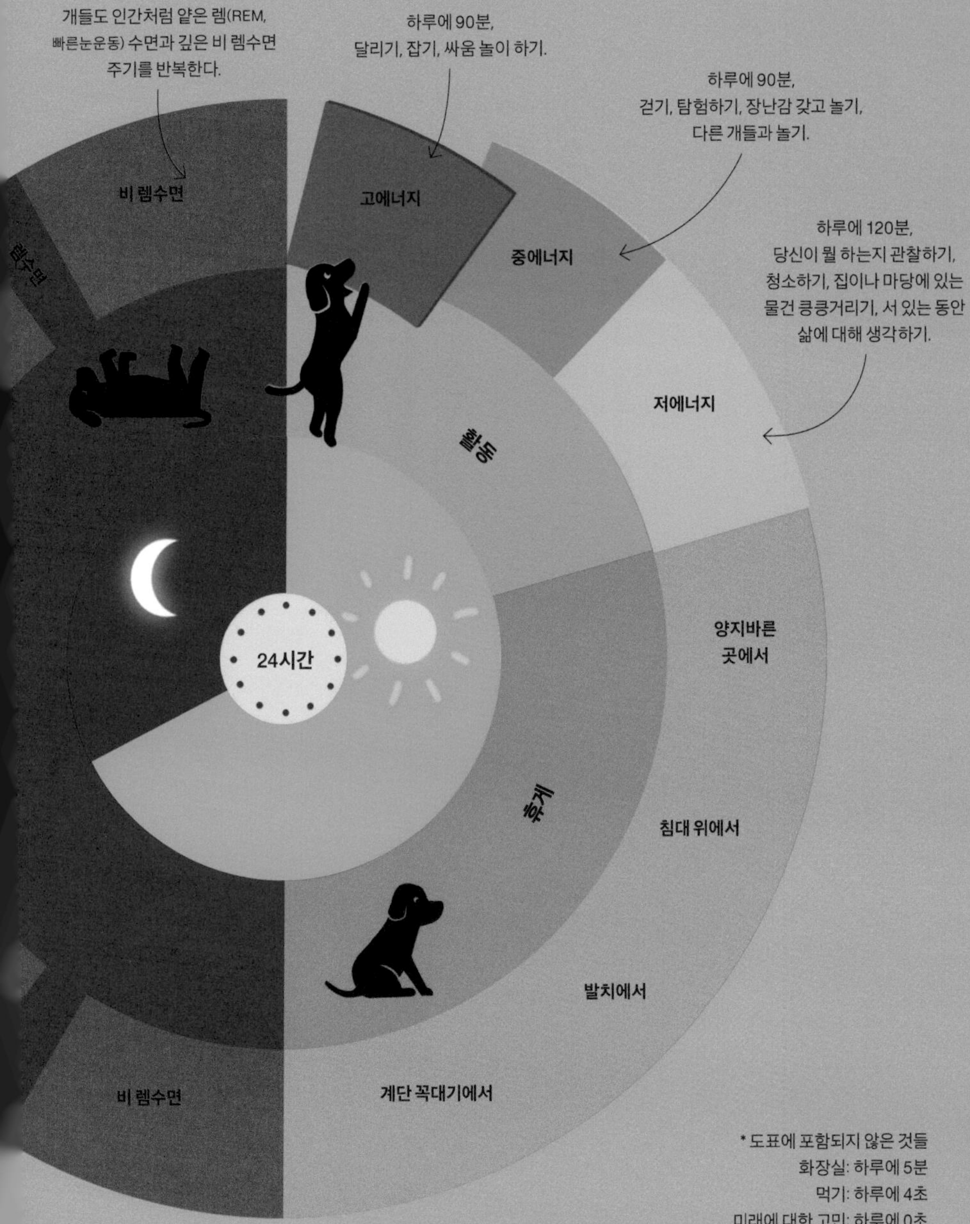
개들도 인간처럼 얕은 렘(REM, 빠른눈운동) 수면과 깊은 비 렘수면 주기를 반복한다.
하루에 90분, 달리기, 잡기, 싸움 놀이 하기.
하루에 90분, 걷기, 탐험하기, 장난감 갖고 놀기, 다른 개들과 놀기.
하루에 120분, 당신이 뭘 하는지 관찰하기, 청소하기, 집이나 마당에 있는 물건 킁킁거리기, 서 있는 동안 삶에 대해 생각하기.
비 렘수면
렘수면
고에너지
중에너지
저에너지
활동
24시간
휴게
양지바른 곳에서
침대 위에서
발치에서
계단 꼭대기에서
비 렘수면

*도표에 포함되지 않은 것들
화장실: 하루에 5분
먹기: 하루에 4초
미래에 대한 고민: 하루에 0초

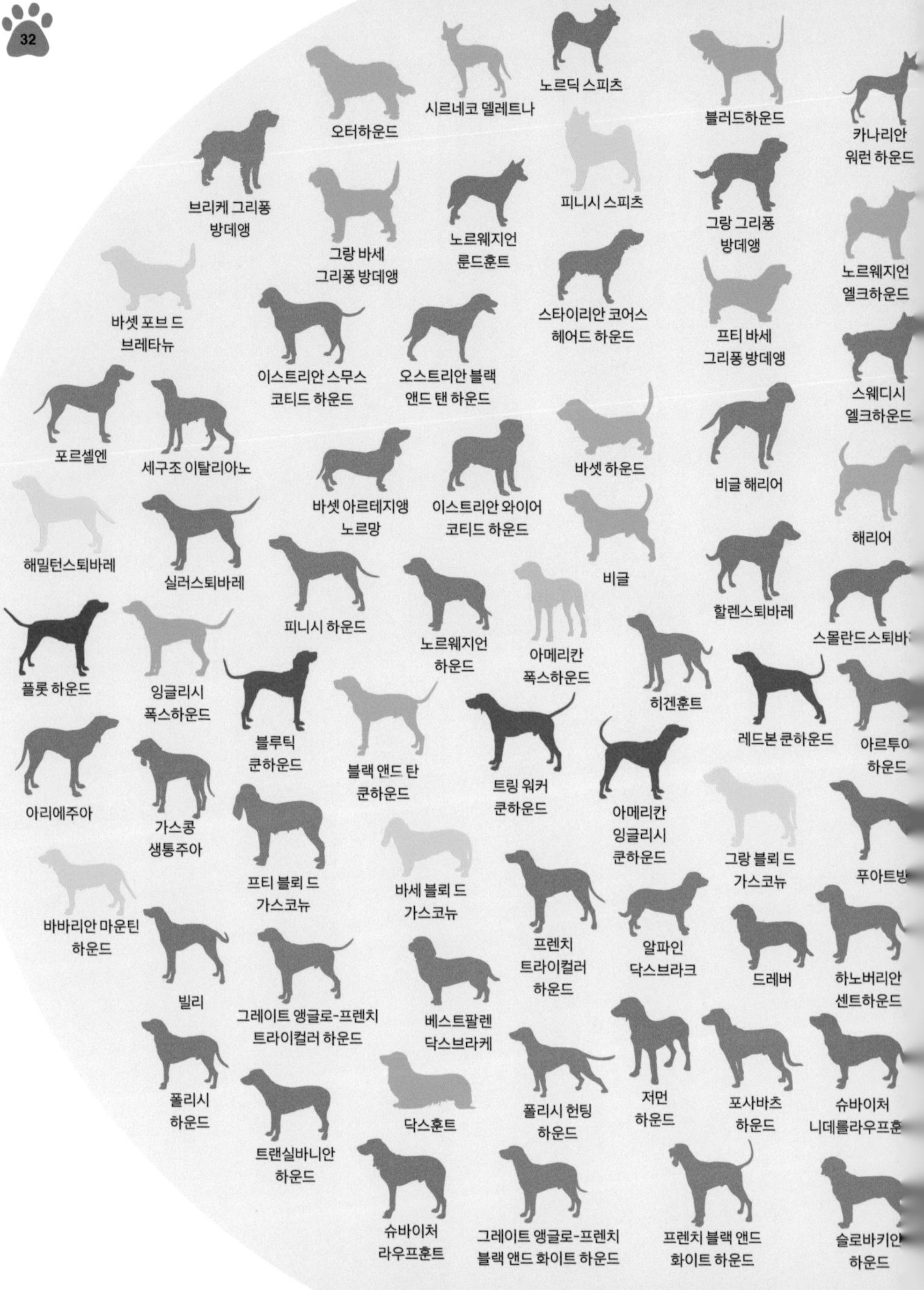
오터하운드
시르네코 델레트나
노르딕 스피츠
블러드하운드
카나리안
워런 하운드
브리케 그리퐁
방데앵
그랑 바세
그리퐁 방데앵
노르웨지언
룬드훈트
피니시 스피츠
그랑 그리퐁
방데앵
노르웨지언
엘크하운드
바셋 포브 드
브레타뉴
이스트리안 스무스
코티드 하운드
오스트리안 블랙
앤드 탠 하운드
스타이리안 코어스
헤어드 하운드
프티 바세
그리퐁 방데앵
스웨디시
엘크하운드
포르셀엔
세구조 이탈리아노
바셋 아르테지앵
노르망
이스트리안 와이어
코티드 하운드
바셋 하운드
비글 해리어
해리어
해밀턴스퇴바레
실러스퇴바레
피니시 하운드
노르웨지언
하운드
아메리칸
폭스하운드
비글
할렌스퇴바레
스몰란드스퇴바
플롯 하운드
잉글리시
폭스하운드
블루틱
쿤하운드
블랙 앤드 탄
쿤하운드
트링 워커
쿤하운드
히겐훈트
레드본 쿤하운드
아르투아
하운드
아리에주아
가스콩
생통주아
프티 블뢰 드
가스코뉴
바세 블뢰 드
가스코뉴
아메리칸
잉글리시
쿤하운드
그랑 블뢰 드
가스코뉴
푸아트뱅
바바리안 마운틴
하운드
빌리
그레이트 앵글로-프렌치
트라이컬러 하운드
베스트팔렌
닥스브라케
프렌치
트라이컬러
하운드
알파인
닥스브라카
드레버
하노버리안
센트하운드
폴리시
하운드
트랜실바니안
하운드
닥스훈트
폴리시 헌팅
하운드
저먼
하운드
포사바츠
하운드
슈바이처
니데를라우프훈
슈바이처
라우프훈트
그레이트 앵글로-프렌치
블랙 앤드 화이트 하운드
프렌치 블랙 앤드
화이트 하운드
슬로바키안
하운드

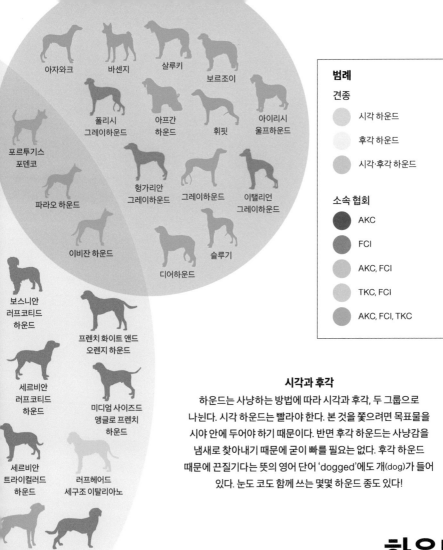

범례

견종

- 시각 하운드
- 후각 하운드
- 시각·후각 하운드

소속 협회

- AKC
- FCI
- AKC, FCI
- TKC, FCI
- AKC, FCI, TKC

시각과 후각

하운드는 사냥하는 방법에 따라 시각과 후각, 두 그룹으로 나뉜다. 시각 하운드는 빨라야 한다. 본 것을 쫓으려면 목표물을 시야 안에 두어야 하기 때문이다. 반면 후각 하운드는 사냥감을 냄새로 찾아내기 때문에 굳이 빠를 필요는 없다. 후각 하운드 때문에 끈질기다는 뜻의 영어 단어 'dogged'에도 개(dog)가 들어 있다. 눈도 코도 함께 쓰는 몇몇 하운드 종도 있다!

하운드

총사냥개 그룹과 마찬가지로 하운드는 사냥꾼이지만 총사냥개와 매우 다른 점이 있다. 하운드는 진지하게 훈련받지 않아도 상당히 자연스럽게 사냥한다. 하운드는 사냥 본능을 타고났고 일반적으로 지시를 기다리지 않는다. 다람쥐든 사슴이든 닥치는 대로 쫓는 개와, 개의 꽁무니를 붙들고 통제하려는 사람을 보았다면 하운드일 확률이 상당히 높다.

닥스훈트의 인기

다음 표에서 볼 수 있듯이 닥스훈트는 전 세계적으로 인기가 많다. 미국에서 닥스훈트는 15대 인기 견종에 들고 도시나 아파트 생활자들에게는 심지어 인기가 더 높다. 닥스훈트의 원산지는 독일이며 소시지 도그 또는 독일어로 소시지를 뜻하는 위너(Wiener)라고도 알려져 있다.

이 그래프에 보고된 수치는 각국에 있는
다양한 품종의 닥스훈트를 포함한다.

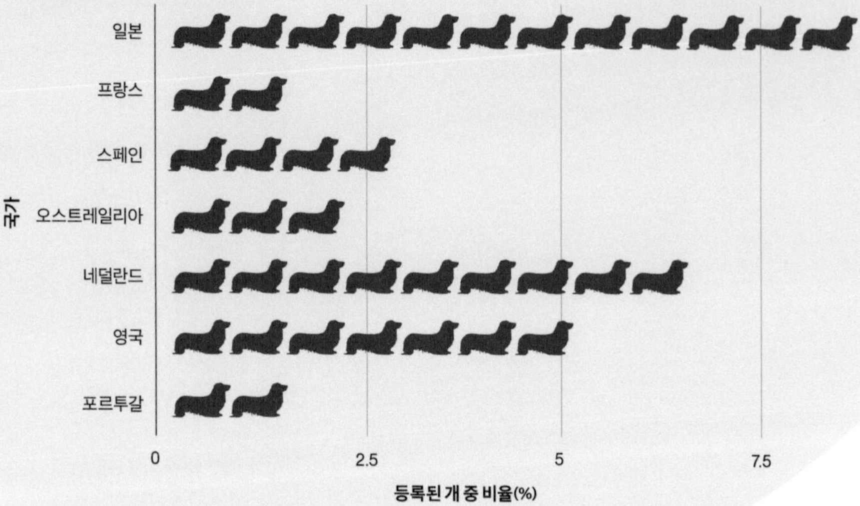

닥스훈트

하운드 그룹에 속하는 모든 개 중 닥스훈트는 눈에 띄거나, 또는 딱히 그렇지도 않다. 키가 너무 작기 때문이다. 이름에 '하운드'라는 말이 들어가 있지만 닥스훈트는 딱히 하운드답지 않다. 하지만 TKC와 AKC는 닥스훈트를 하운드로 분류한다. FCI는 닥스훈트를 별개의 '닥스훈트 그룹'으로 분류한다.

파라오 하운드

파라오 하운드의 원산지는 우리의 상상과 달리 이집트가 아닌 몰타이다. 뱃사람들이 파라오 하운드를 이집트로 데려갔는데 이집트에서 파라오 하운드가 통치자에게 무척 사랑을 받았다고 알려져 있다. 파라오 하운드의 그림은 이집트의 무덤에서 쉽게 찾아볼 수 있으며 심지어 무덤 속에 미라로 남아 있기도 하다!

아프간 하운드

많은 사람들이 1960년대 말, 1970년대 초를 장발과 나팔바지의 시대로 기억한다. 아프간 하운드의 인기가 갑자기 치솟았다가 순식간에 사라진 것도 그 때문은 아닐까? 1960년대 후반 바비인형의 반려견이 아프간 하운드였기 때문일 수도 있다!

순수 구석기 식단
전채: 고기*
메인 요리: 고기*
후식: 뼈*와 껍질*와 고기* 약간

*메뉴의 모든 음식은 본인이 직접
갖고 와야 하며 날것으로 제공됨.

혼합 신석기 식단
사냥한 것: 야생 동물 고기
기른 것: 기른 소고기, 양고기, 염소
농사지은 것: 밀, 보리 등 기타 곡물

베르길리우스네 멍멍이 식당
기른 것: 고기, 밀, 보리
소매를 걷어붙이라!
새 공물을 더하자!
그릇에 담은 유장!

개들을 위한 미식

늑대로부터 진화하기 한 단계 전의 개는 사냥해서 죽인 동물이나 죽은 짐승의 날고기를 먹는 육식 동물이었다. 1980년, 영국에서는 상업적으로 이용할 수 있는 최초의 비건 채식 개 사료 해피도그(Happidog)가 생산되었다. 개들의 식단은 어떤 단계를 거쳐 지금처럼 변해 왔을까?

디드로와 달랑베르 델리

오늘의 메뉴: 도살한 수사슴의 피, 간, 심장과 우유, 치즈, 빵 혼합물

제대로 갖춰진 편자공의 스뫼르고스보르드

(스웨덴식 뷔페. — 옮긴이)

거의 모든 동물의 살과 뼈, 과일, 풀, 다양한 빵

1781년

1833년

세계의 음식

전 세계에서 개들은 주인이 먹는 음식보다 조금 못한 음식을 먹고 사는 경향이 있다. 사실 세계 곳곳에서 여전히 개들은 주인의 식탁에서 남은 음식을 얻어먹으며 살아가고 있다.

스프래츠 미트 피브린(Fibrine)
특허받은 개 빵

세계 최초로 대량 생산된 개용 비스킷.
미국에서 만들어졌다.

1860년

성분: 고기, 대추야자, 으깬 곡물을
혼합해 비스킷 모양으로 만듦.*

*소금 무첨가

채플 형제의 켄-엘 레이션
(Ken-L Ration)

미국에서 제조된 최초의 반려동물용
음식 통조림. 린 틴 틴(Rin Tin Tin, 125쪽
참고) 덕분에 유명해졌다.

1922년

성분: 통조림 캔에 담은 말고기

비건 채식 식단 해피도그

100퍼센트 식물 유래 성분에
고도의 공정을 가해 완성된 개밥.
영국에서 최초로 생산, 판매되었다.

전형적 습식 개 사료

오늘날 개 사료 시장에는 무척 다양한
선택지가 있지만 세계의 많은 지역에서
개들은 만들어져 나오는 습식 사료를 먹는다.

1980년

현재

성분: 밀, 옥수수, 대두, 밀기울 사료, 옥수수
글루텐 가루, 사탕무 펄프, 해바라기씨유,
쌀, 파스타, 효모, 미네랄, 아마씨, 유기농
로즈마리, 유기농 파슬리, 유카 추출물

성분: 물(55퍼센트), 고기(주로 닭고기),
달걀, 간 옥수수와 보리, 고기 부산물,
굵게 빻은 대두, 건조 맥주 효모

별별 모습, 별별 크기

실용견들은 쪼꼬미(시추)부터 덩치(아키타)까지, 단모(숄로이츠퀸틀리)에서 털북숭이(라사 압소)까지 다양하다. 이 그룹은 워낙 다양해서 그냥 쉽게 스뫼르고스보르드라고 불러도 될 정도이다.

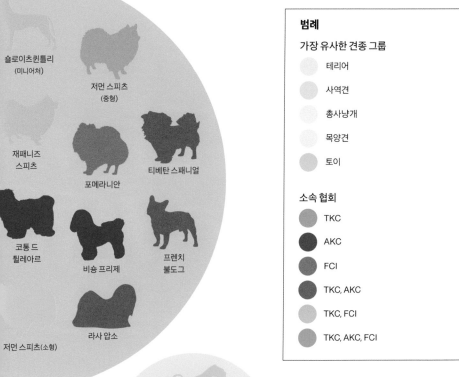

범례

가장 유사한 견종 그룹

- 테리어
- 사역견
- 총사냥개
- 목양견
- 토이

소속 협회

- TKC
- AKC
- FCI
- TKC, AKC
- TKC, FCI
- TKC, AKC, FCI

실용견

실용견들은 SUV와 비슷하다. 특정한 성격이나 작업을 위해 교배되지 않았기 때문이 아니라, 다른 그룹에 딱히 잘 들어맞지 않기 때문이다. 이 그룹을 요약하기란 불가능에 가까울 만큼 어려운 일이다. 예상치 못한 것들을 기대하는 수밖에 없다. AKC는 이 실용견 그룹을 간단히 비조렵견으로 지칭한다. AKC의 비조렵견과 TKC의 비조렵견을 혼동해서는 안 된다.

불도그의 인기

불도그는 한때 영국에서 실용견 그룹을 지배했으나 1950년대 이후 푸들에게 그 자리를 내어 주었고, 1990년대와 2000년대에 들어 두 견종은 인기를 비슷하게 양분했다. 하지만 지금은 프렌치 불도그가 2010년대에 등록된 개 중 거의 35퍼센트를 차지하며 다른 견종 수를 크게 웃돌고 있다. 프랑스 인들은 물론 영국인들도 프렌치 불도그를 불도그보다 선호한다.

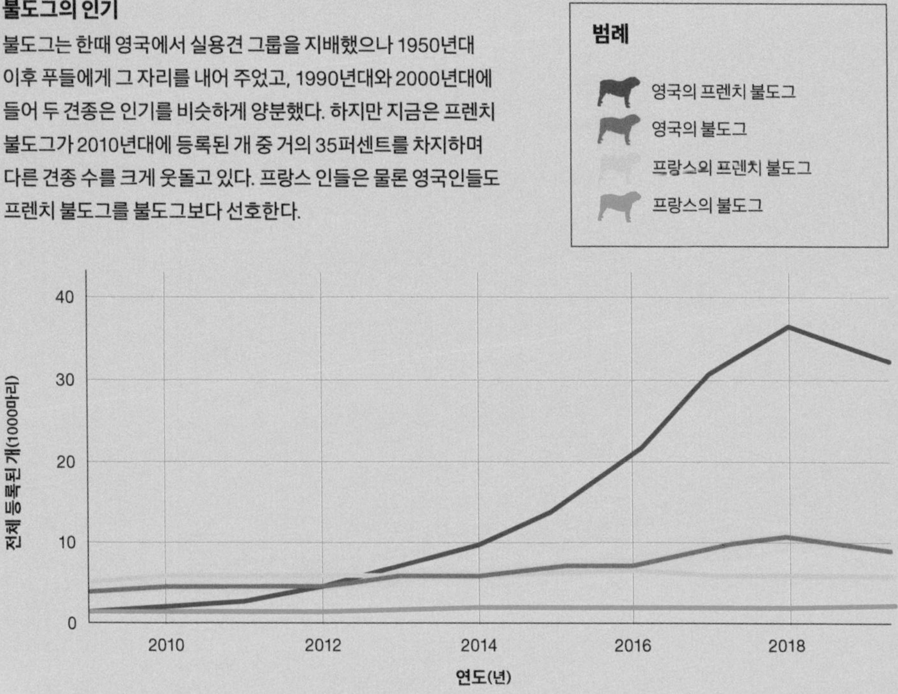

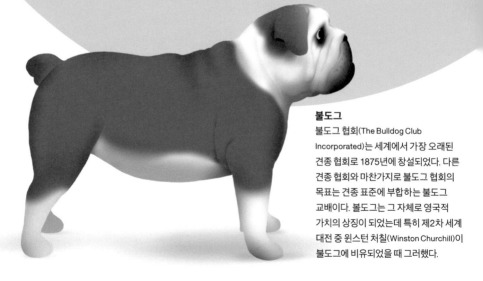

불도그

불도그 협회(The Bulldog Club Incorporated)는 세계에서 가장 오래된 견종 협회로 1875년에 창설되었다. 다른 견종 협회와 마찬가지로 불도그 협회의 목표는 견종 표준에 부합하는 불도그 교배이다. 불도그는 그 자체로 영국적 가치의 상징이 되었는데 특히 제2차 세계 대전 중 윈스턴 처칠(Winston Churchill)이 불도그에 비유되었을 때 그러했다.

이런 저런 견종 모음

이 그룹에는 가장 오래된 견종들이 포함되어 있는데 오랜 역사로 왜 그들이 이 그룹에 속하는지 설명할 수 있다. 애초에 견종을 교배한 목적은 더이상 존재하지 않지만 견종은 여전히 살아남았기 때문이다! 예를 들어 불도그는 소와 잔혹하게 싸움을 붙이려고 개량된 품종이었다. 미국에서는 반려견(토이), 사역견이 별도 그룹이 되기 이전에 실용견 그룹에 속했다.

프렌치 불도그

최근 프렌치 불도그는 대서양 양안에서 상당히 인기 높은 견종으로부터 최고 인기 견종으로 부상했다. 마돈나, 레이디 가가, 드웨인 '더 록' 존슨 등 유명인들이 프렌치 불도그와 종종 등장했기 때문이기도 하다.

숄로이츠퀸틀리

숄로이츠퀸틀리만큼 철자를 맞게 쓰기도, 발음하기도 어려운 견종은 아마 없을 것이다. 이 털 없는 개의 원산지는 멕시코로, 줄여서 숄로라고도 부른다. 이 견종의 이름을 소리 내어 말하려면 작게 쪼개는 것이 최선의 방법이다. 개 말고 단어를 쪼개서, 숄로, 이츠, 퀸트, 리.

말이 안 통할 때

완벽한 세상에서는 우리가 말을 하면 개가 듣고, 이해하고, 지시에 정확하게 반응할 것이다. 그런 완벽한 세상은 존재하지 않지만 걱정 마시라. 개들이 알아듣도록 소통하는 방법이 있다. (56~59쪽 참고)

앉아.
앉아!
가만히 있어.
갑니다!
따라 와!
맘마.

먹으면 안돼!

사람들이 잘 모르는 개에게 해로운 음식도 많고, 개들도 늘 현명한 판단을 내리지 못한다. 개의 후각이 어느 정도는 보호 역할을 한다 해도 안전해 보이지만 위험성을 숨기고 있는 음식에 속는 경우도 있다. 개가 먹으면 안 되는 음식을 먹었다는 것을 인지하면 당장에는 특별히 고통스러워 보이지 않아도 최대한 빨리 수의사에게 연락하는 것이 최선이다.

초콜릿

많은 사람들이 초콜릿이 개에게 위험하다는 것을 모른다. 초콜릿에 함유된 코코아 성분이 문제를 일으킨다. 다크 초콜릿에 코코아가 가장 많이 들어 있어 중독을 일으킬 확률이 가장 높다. 화이트 초콜릿은 코코아가 들어 있지 않으므로 유해하지 않으나 지방이 무척 많으므로 피하는 것이 좋다.

먹으면 어떻게 될까?

발작을 일으킬 수 있음. 심박수를 심하게 높임.

옥수숫대에 붙은 옥수수

아무리 심하게 보채도 옥수숫대에 붙은 옥수수는 개와 나눠 먹지 말기 바란다. 개의 위장은 옥수숫대에 붙은 옥수수를 소화할 수 없어서 심각한 건강상의 문제를 일으킬 수 있기 때문이다.

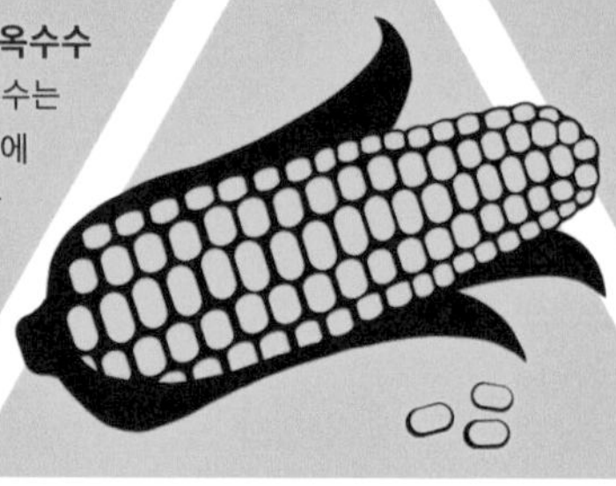

먹으면 어떻게 될까?

장 폐색을 일으킬 수 있음.

유제품

개들은 유당불내증이 있으므로 유제품을 급여하지 말아야 한다. 훈련용 간식으로 종종 쓰이는 딱딱한 치즈에는 유당이 적게 들어 있어 문제를 일으킬 확률이 낮다.

먹으면 어떻게 될까?
설사를 유발할 수 있음.

몰래 뒤지기

개들이 결과를 생각하지 못하는 전형적인 사례이다. 쓰레기통이나 퇴비 더미에서 나는 음식 냄새에 이끌리는 개들도 있지만 주워 먹은 썩은 음식에 개들에게 매우 유해한 진균독이 들어 있을 수 있다.

먹으면 어떻게 될까?
경련, 근육 떨림, 열, 구토를 유발할 수 있음.

포도나 건포도

많은 사람들이 개가 포도, 건포도, 씨 없는 건포도, 커런트(currant) 등을 먹어도 괜찮다고 생각한다. 괜찮지 않다. 달콤한 냄새가 나서 개들이 건포도류를 먹지만 심각한 결과를 초래할 수 있다.

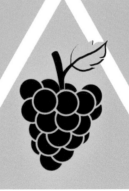

먹으면 어떻게 될까?
신부전을 일으킬 수 있음. 심지어 매우 소량만으로도.

마늘(양파, 대파, 부추도)

개밥에 마늘을 더하면 벼룩을 방제할 필요가 줄어든다고 믿는 사람들이 있다. 이론에 따르면 드라큘라처럼 벼룩도 마늘 맛을 싫어하기 때문이라고 한다. 다만 다량의 마늘은 개들에게 해롭다는 것이 문제이다.

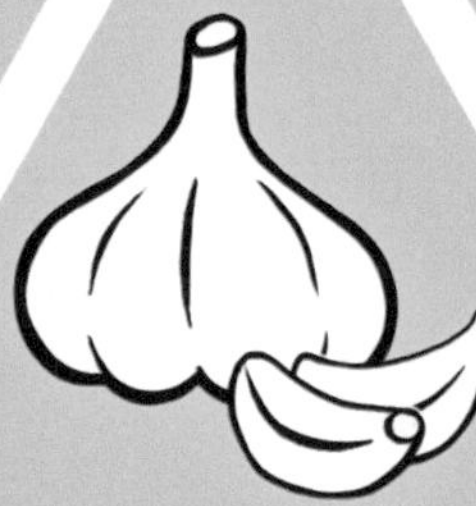

먹으면 어떻게 될까?

많은 양을 먹으면 적혈구가 파괴되어 빈혈이 될 수 있음. 무기력, 구토도 유발할 수 있음.

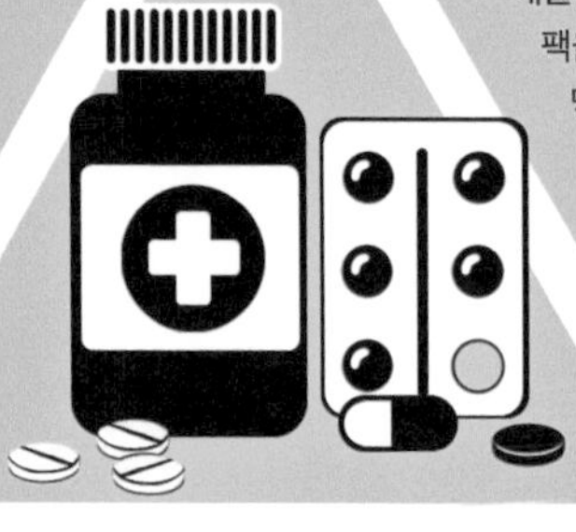

약물

말할 필요도 없겠지만 모든 약물은 개가 닿지 못할 곳에 두기 바란다. 개들은 플라스틱 병을 물어뜯을 수 있고, 알약 개별 포장 블리스터 팩을 뜯고 안에 있는 알약을 꺼낼 수도 있다. 그러므로 약은 개가 닿지 못할 곳에 보관해야 한다. 사람 약과 동물 약이 안 좋게 섞이지 않게 하려면 각각 따로 보관하라.

먹으면 어떻게 될까?

약에 따라 치명적일 수 있음. 수의사에게 전문적 조언을 구할 것.

가염 스낵

개의 식단에는 소금이 소량 첨가되어 있지만 과도한 양은 문제가 될 수 있다. 소금이 들어간 과자 먹어치우기 외에 개가 소금을 너무 많이 먹게 되는 가장 흔한 사례는 바닷가에서 산책하다가 바닷물을 마시는 경우이다.

먹으면 어떻게 될까?

구토와 설사, 그 결과 탈수까지 유발할 수 있음.

마카다미아와 호두

견과류는 지방이 많고 일부는 염분도 들어 있기에 개에게 좋지 않다. 하지만 마카다미아처럼 매우 유독한 견과류도 있다.

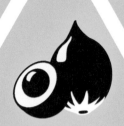

먹으면 어떻게 될까?
구토, 쇠약감, 조정 능력 상실, 심지어 우울감을 유발할 수 있음.

껌

자기 개에게 껌을 줄 사람은 없을 것 같지만 쓰레기를 뒤지는 강아지는 인도에서 쉽게 껌을 입수할 수 있다. 껌에는 대체당인 자일리톨이 들어 있는데 개가 삼키면 그냥 단맛 내기 이외의 작용도 한다. 자일리톨은 입 냄새 제거제에도 들어 있다.

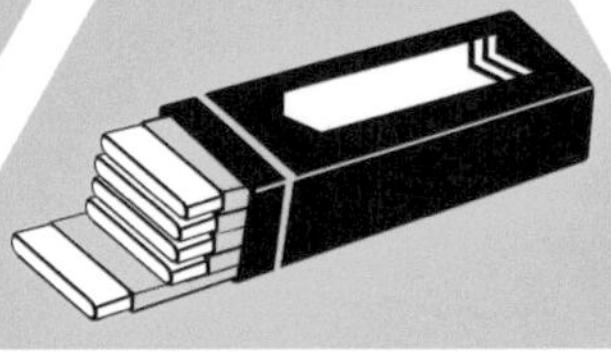

먹으면 어떻게 될까?
저혈당과 간부전을 유발함.

남은 음식

모든 사람이 개는 크리스마스 선물이 아님을 알고 있지만, 크리스마스는 멍멍이가 먹다 남은 음식을 흡입하기 딱 좋은 시기이다. 파티는 초롱초롱한 개에게 스뫼르고스보르드를 선사하지만 거기에는 위험이 잔뜩 숨어 있다. 민스파이(고기, 채소를 다져 넣고 만든 파이. 영국의 크리스마스 음식. — 옮긴이)부터 초콜릿, 주인 잃은 남은 술까지.

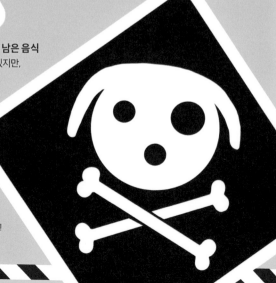

먹으면 어떻게 될까?
어디서부터 시작해야 하지? 당장 수의사에게 연락하라!

톱 도그

개들이 집단에서 어떻게 활동하는지에 대한 인간의 이해는 최근 몇 년간 달라졌다. 오랫동안 개는 무리 동물이고, 무리에서 자신의 서열을 알아야만 안심한다는 믿음이 있었다. 하지만 우리의 삶에서 개의 지위가 변화를 거듭하며 우리와 개들의 관계 또한 달라졌다.

늑대 무리

늑대 무리에는 엄격한 서열과 집단 역학이 존재한다. 우두머리 알파 암수 쌍이 서열 체계의 정점에 있고 생존을 위한 엄격한 행동 규범이 존재한다.

- 무리에는 수컷 대장 한 마리, 암컷 대장 한 마리가 있다.
- 무리에는 명확한 서열이 있다.
- 힘으로 지위를 얻는다.
- 우두머리는 식량을 제공하며 무리를 통제한다.
- 관계는 놀이로 정립된다.
- 늑대는 영원히 무리에서 추방당할 수도 있다.
- 생존을 목적으로 무리끼리 싸울 수도 있다.
- 후퇴를 피할 수 있다면 늑대는 물러서지 않는다.
- 늑대 무리는 변화를 회피한다.

늑대 무리에서 가족의 반려견으로

개는 늑대에서 진화했으므로 사람들은 오랫동안 개와 늑대의 집단 역학이 비슷하며 우두머리 개 한 마리가 무리를 지배할 것이라고 짐작해 왔다. 개 훈련에 대한 초기 이론들은 이 짐작에 기초하고 있다. 반려견이 자신의 지위를 알고 지시를 따르게 하기 위해서는 사람이 톱 도그가 되어야 한다고. 오늘날 개가 사람 가족과 관계 맺는 방식은 주고받기에 가깝게 인식되고 있다. 관계에 대한 인식 변화는 중요한데, 우리가 개와 함께 살고 개를 훈련하는 방식에 영향을 미치기 때문이다.

가족의 개

개를 삶 속에 들이며 우리는 가족을 확장한다. 사람들은 개가 다른 가족 구성원들이 따르는 것과 같은 규범을 따를 것을 기대한다.

- 가족에는 지도자가 있지만 그들은 협력을 추구한다.
- 서열은 변할 수 있다.
- 지위는 설득, 유머, 노동으로 얻는다.
- 식량 등 공통된 목표는 통제를 위해 사용된다.
- 관계는 놀이로 정립된다.
- 개를 개집으로 보낼 수도 있다. 단, 잠시 동안만.
- 대부분의 가족은 다른 가족과 싸우지 않는다.
- 가족의 개는 "굴러."를 할 수도 있다.
- 가족은 변화에 적응한다.

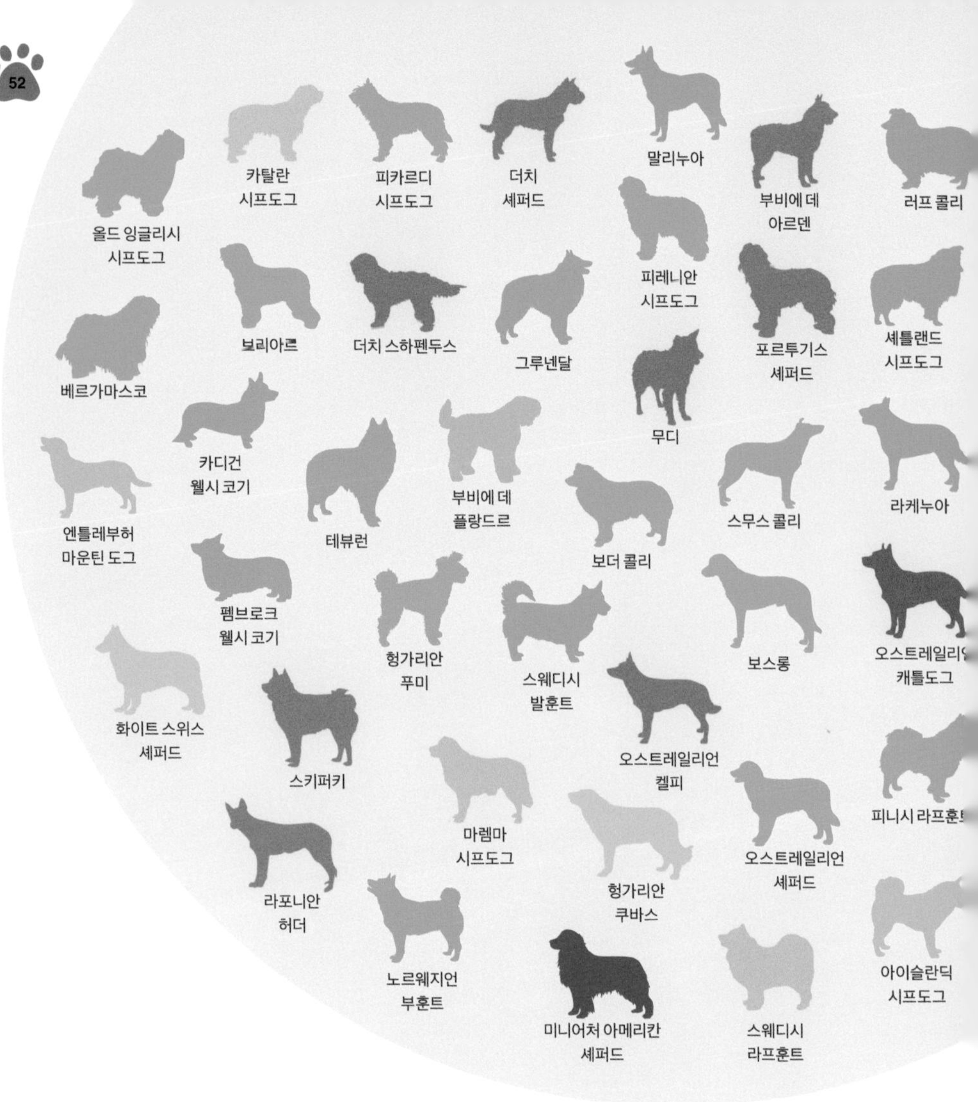

목양견

이 그룹은 시골에서 그리고 농장에서 가축을 울타리 안에 몰아 놓고 보호하는 힘든 일을 하며 하루를 보낸다. 목양견에는 가축을 모는 개, 먼 곳까지 데려가는 개, 지키는 개, 이렇게 세 하위 그룹이 있다. AKC는 이 그룹을 목축견이라고 분류다. FCI는 목양견을 그룹1(목양견, 목축견), 그룹 5(스피츠, 원시견), 그룹 2(일부 목축견 포함)로 분류한다.

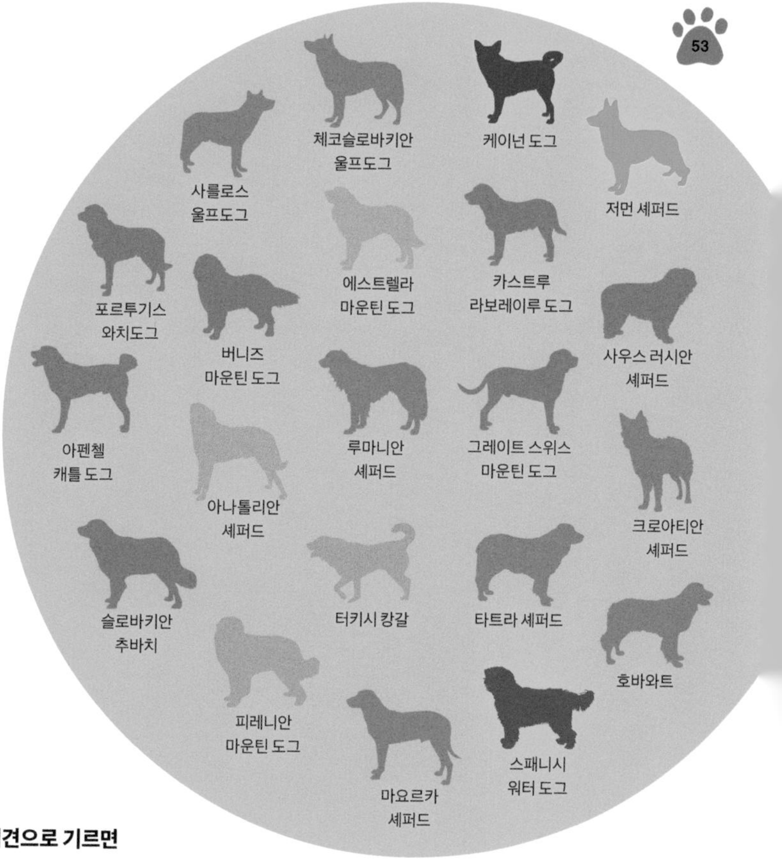

목양견을 반려견으로 기르면

목양견을 반려견으로 기르면
사람이나 다른 개와 놀 때 목양견 특유의
가축 모는 행동을 종종 보인다.

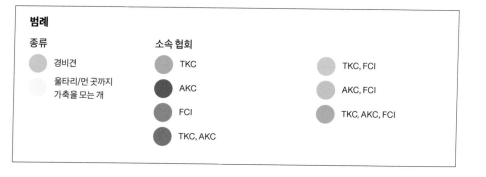

범례

종류

- 경비견
- 울타리/먼 곳까지 가축을 모는 개

소속 협회

- TKC
- AKC
- FCI
- TKC, AKC
- TKC, FCI
- AKC, FCI
- TKC, AKC, FCI

저먼 셰퍼드의 인기

제1차 세계 대전 동안 영국에서는 저먼 셰퍼드 대신 엘세이션(Alsatian)이라는 이름이 쓰였다. 이름에 저먼이 들어가면 인기가 떨어질 것이라는 생각 때문이었다. 저먼 셰퍼드를 사랑하는 사람들이 강력하게 주장한 결과 1977년에 품종의 이름이 원래대로 돌아왔다. 1918년 영국에서 등록된 개 중 단 0.21퍼센트만 저먼 셰퍼드였지만 1926년에는 새 이름이 붙은 엘세이션이 13.74퍼센트를 기록했다. 이후에 저먼 셰퍼드의 인기는 오르락내리락하고 있다.

미국에서는 등록된 개 중 4.6퍼센트가 저먼 셰퍼드이며, 현재 백악관에는 메이저와 챔프 바이든이라는 이름의 저먼 셰퍼드 두 마리가 살고 있다.

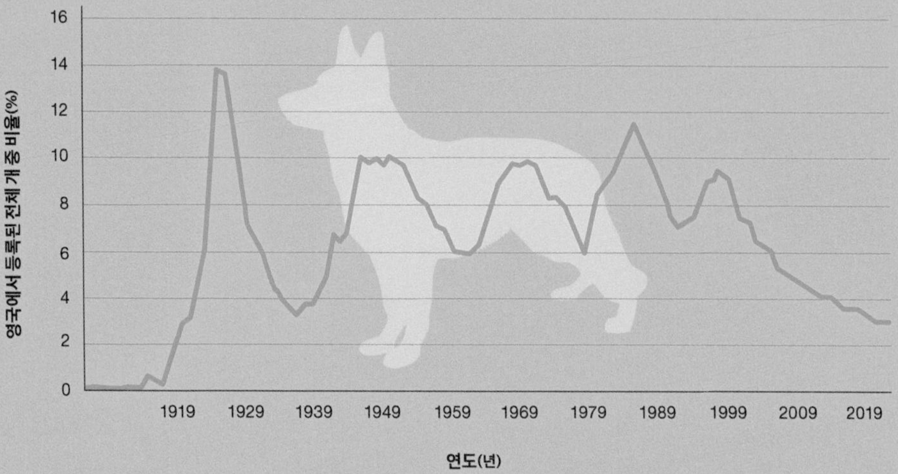

사모예드

사모예드는 북동 시베리아가 원산지인 순록을 모는 개이다. TKC에 따르면 이 견종은 1800년대 말 노르웨이 출신 탐험가인 카르스텐 보르크그레빙크(Carsten Borchgrevink)의 남극 원정에서 살아 돌아온 개 앤타크틱 벅(Antarctic Buck)에 의해 영국에서 어느 정도 정립되었다고 한다.

올드 잉글리시 시프도그

올드 잉글리시 시프도그는 1960년대와 1970년대 영국과 오스트레일리아에서 매우 인기가 높아졌는데, 듀럭스(Dulux) 페인트의 간판 모델로 선정된 덕분이었다. 견종과 페인트 회사의 연관이 무척 긴밀해진 나머지 사람들도 올드 잉글리시 시프도그를 그냥 듀럭스 도그라고 부르게 되었다.

브리아르

브리아르는 프랑스의 브리(Brie) 치즈를 생산하는 지역이 원산지인 고대 프랑스로부터의 견종으로 양을 몰고 지키는 전천후 농장 개이다. 브리아르는 프랑스에서 매우 인기가 높았고 제1차 세계 대전 중에는 프랑스 육군의 공식 군견으로 채택되었다.

알았지!

앉으라고 시키면 앉도록, 멀리 가버렸을 때 설득하면 돌아오도록 가르치기는 개 훈련에서 가장 중요한 요소들이다. 불러도 오지 않는 개의 줄을 풀어 주어도 될까? 훈련은 작은 단계들이 쌓여 이루어진다. 중요한 것은 개가 지금 하고 있는 일을 하기보다 앉거나 당신에게 돌아오고 싶어야 한다는 것이다.

앉아, 기다려

개는 "앉아."의 뜻을 모르기 때문에 당신이 가르쳐 주어야 한다.
다음의 단계들을 몇 회 반복해 보라. 반복할 때마다 개가 좀 더 빠르게 지시를 수행할 것이다.
지시 그리고 지시를 따랐을 때 돌아올 수 있는 보상을 이해하게 되었으니까.

1단계

서 있는 개의 코 바로 위에 작은 간식을 들고 있으면 된다. 개가 입을 간식 쪽으로 갖다 대면 손을 매우 조금 위, 뒤로 움직이며 개가 고개를 들도록 만든다.

2단계

간식을 계속 뒤로 가져가서 개가 입을 대지 못하게 하면 개는 고개를 계속 쳐들다가 결국에는 앉게 된다.

말과 휘파람

연구에 따르면 당신이 실제로 무슨 단어를 쓰는지는 딱히 중요하지 않다고 한다. 개는 어조와 높낮이를 듣고 거기에 반응한다. 무슨 말을 쓸지 당신이 선택하면 그만이다. 당신을 비롯해 가족 전원이 일관성을 갖는 것이 중요하다. 휘파람과 클리커(딸깍 소리가 나는 훈련 도구. — 옮긴이)도 말과 마찬가지로 모든 의도나 목적에 대응시킬 수 있다. 휘파람과 클리커는 더 멀리서도 들린다는 장점이 있다. 휘파람과 클리커는 가끔만, 또 매우 구체적으로 사용하라.

훈련

개에게 새로운 것을 가르치려면 조금씩 더해 가는 식으로 가르쳐야 한다. 비록 너무 힘들 것 같지만 그렇게 해야만 의미가 전해진다. 잊지 마라, 당신과 개는 다른 언어를 사용한다!

개에게 새로운 것을 가르치는 최상의 방법은 방해물이 없는 곳에서 가르치는 것이다. 집이나 정원에서 조용한 공간을 찾아보라. 훈련은 항상 기분 좋게, 개가 당신을 기쁘게 했을 때 잘 마무리하라.

3단계

개가 앉으려는 찰나 "앉아."라고 말한다.

4단계

개가 앉자마자 간식을 주면서 칭찬한다.

강화

일단 개가 지시를 빠르게 따르면 다시 1단계로 돌아가서 간식을 가만히 들고 "앉아."라고 말하라. 개가 앉으면 보상하고 칭찬하라. 몇 번 이런 식으로 진전에 성공하면 간식을 더 먼 곳에 둔다. 최종 단계에서는 간식이 보이지 않게 두고 지시한다.

1단계

개가 상당히 가깝게 있지만 주의를 완전히는 기울이지 못할 정도의 거리에서 시작하라.

2단계

이름을 부르며 개의 주목을 끈다.

부르기

개가 당신에게 돌아오도록 훈련시키기 위해 위의 단계를 반복한다. 다음에 훈련할 때는 개에게서 더 먼 곳에서 시작한다. 지시해도 듣지 않으면 개가 돌아올 때까지 개와의 거리를 줄이고, 다시 늘리기 시작한다. 훈련과 훈련 사이에 갑자기 개를 불러 보고, 개에게 항상 성공할 기회를 갖게끔 한다.

보상

사람이 개를 부르는 이유는 사람이 개가 지금 있는 곳에 있지 않기를 원하거나 요구하기 때문이다. 개가 지금 자기가 가고 싶은 곳에 있다는 것이 문제이다. 즉 당신은 개가 당신과 함께 있는 것이 개가 있고 싶은 곳에 있는 것보다 더 가치 있다는 것을 개에게 반드시 알려 주어야 하며, 이때 보상이 개입한다.

보상은 개에게 의미 있는 것이어야 하며, 개마다 의미 있다고 생각하는 대상이 다르다. 주로 쓰이는 세 가지 보상은 음식, 장난감, 칭찬이다. 당신은 그중 어떤 보상이 개에게 가장 가치 있는지 빠르게 파악할 수 있고, 그러고 나면 개가 당신에게 돌아오도록 훈련하기 위해 보상을 현명하게 사용할 수 있을 것이다.

3단계
개가 위를 올려보자마자 지시어를 말한다. "이리 와."도 좋고, 원한다면 다른 지시어를 선택해도 좋다.

4단계
지시를 한 번만 하고, 개에게 성공할 기회를 준다.

5단계
개가 당신 쪽으로 조금 다가오면 즉시 보상한다.

방해
집의 조용한 환경에서 지시어 훈련에 성공을 거두었다면 산만하게 하는 요소들을 도입하고 사람들이 있는 곳에서도 연습을 이어간다. 걱정이 되면 우선 느슨하게 처질 만큼 긴 리드줄로 시작해 보자.

누구의 책임일까?

가장 잘 훈련된 개에게 필요한 유일한 통제 수단은 주인의 목소리이다. 나머지 개들에게는 다른 선택지도 있다. 개와 주인은 리드줄과 목줄로 이어져 있다. 좋은 팀워크를 위해서는 리드줄과 목줄을 반드시 잘 조합해야 한다.

목줄

리드줄은 개에게 달려 있어야 하는데, 어떻게 달아야 할까? 개의 어느 부위, 즉 머리, 목, 어깨, 중 어디에 줄을 다는 것이 당신의 개에게 가장 잘 맞는지, 개를 어떻게 통제하고 싶은지 생각하라. 모양새는 그 다음에 고민하면 된다.

마틴게일 목줄

마틴게일 목줄은 초크 목줄처럼 잔인하게 목을 조르지 않으면서도 통제력을 갖고 있다. 디자인이 목을 조이는 정도에 제한을 가하기 때문이다. 마틴게일 목줄은 제대로 사용하면 효과적인 훈련 도구가 될 수 있다.

초크 목줄

이름이 암시하는 대로 초크 목줄은 목을 조를 수 있다. 초크 목줄은 느슨하지만 리드줄을 당기면 목을 조인다. 잔인하고 잘못 사용하면 부상을 유발할 수 있는 초크 목줄은 피하라.

리드줄

리드줄은 다양한 소재, 스타일, 길이로 만들어진다. 당신과 당신의 개에게 제일 잘 맞는 줄을 찾는 데 오랜 시간이 걸릴 수도 있다.

긴 리드줄

길이는 30미터까지. 개를 부르면 돌아올지 확신이 없는 경우 훈련에 사용하기 적절하다. 긴 리드줄은 개에게 약간의 자유를, 사람에게는 안전망을 준다.

규격 리드줄

길이 약 2미터. 길이나 공원, 공터 개를 반드시 줄에 매야 되는 장소에 산책할 때 주로 쓴다.

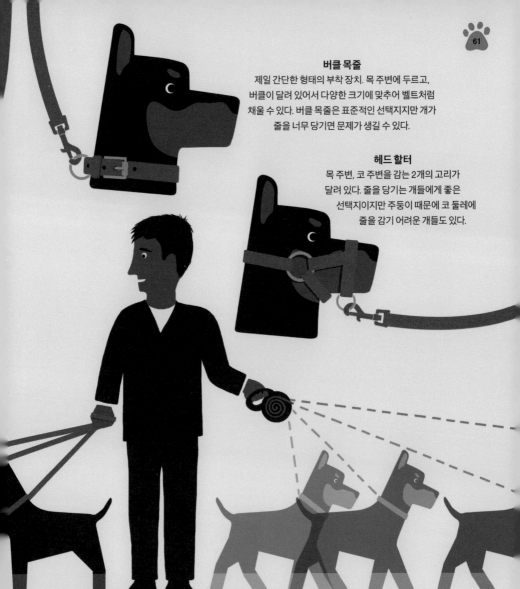

버클 목줄
제일 간단한 형태의 부착 장치. 목 주변에 두르고, 버클이 달려 있어서 다양한 크기에 맞추어 벨트처럼 채울 수 있다. 버클 목줄은 표준적인 선택지지만 개가 줄을 너무 당기면 문제가 생길 수 있다.

헤드 할터
목 주변, 코 주변을 감는 2개의 고리가 달려 있다. 줄을 당기는 개들에게 좋은 선택지이지만 주둥이 때문에 코 둘레에 줄을 감기 어려운 개들도 있다.

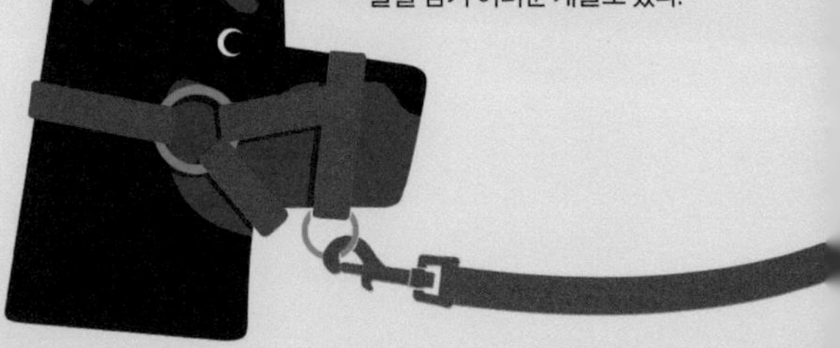

짧은 리드줄
25센티미터~1미터 길이의 줄. 개를 가까이 두어야 할 때 유용하다. 개가 줄을 못 당기게 하는 데 도움이 된다.

자동 리드줄
긴 리드줄보다 길이 조절을 쉽게 할 수 있는 버전. 자동 리드줄의 가치에 대해서는 논란의 여지가 있다. 통제력이 적고 철사로 된 자동 리드줄은 위험하기 때문이다.

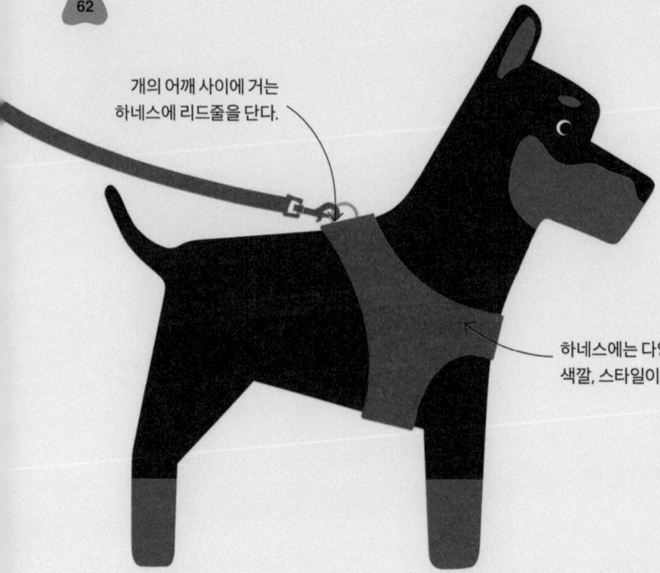
개의 어깨 사이에 거는
하네스에 리드줄을 단다.
하네스에는 다양한 크기,
색깔, 스타일이 있다.

하네스

하네스는 개의 어깨와 가슴 주변에 채우므로 목 둘레에는 아무것도 없다. 리드줄은 대개 등에 단다. 하네스는 줄을 당기는 크고 힘이 센 개들에게, 목의 압박을 피하기 위해, 목이 예민한 초소형견에게 특히 좋다.

입마개

입마개 사용에는 주로 두 가지 이유가 있다. 첫째, 보이는 것마다 죄다 먹어 봐야 하는 개들을 말리기 위해서이다. 음식만 먹는 것이 아니니까! 둘째, 성질을 내면 주인도 통제를 못 하는 개들 때문에 쓴다. 특정 사물, 다른 특정 견종이 돌발 상황의 불씨를 당길 수 있다. 입마개는 주인이 후회할 만한 일을 개가 하지 못하도록 말린다.

콘은 가시 범위를 줄이기 때문에 개가
미처 가까이 있는 줄 몰랐던 장애물에
부딪칠 수도 있으므로 유념하기
바란다.

콘

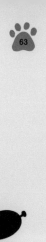

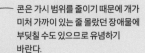

콘을 쓴 개만큼 슬픈 모습이 또 있을까? 콘을 썼다는 것은 대개 수술을 했거나 부상을 당했다는 뜻이다. 개들이 상처 부위에 입을 대거나, 핥거나, 씹지 못하게 하기 위해 콘을 쓴다. 소독 연고 등 피부에 무언가를 발랐을 때도 콘을 쓴다. 콘은 개가 연고를 핥아먹지 못하게 한다.

개 통제하기

개 주인은 항상 책임을 지고 개가 다른 사람들을 귀찮게 하지 않도록 말려야 한다.

열쇠
자연스럽게 빠져나갈 성싶지 않은 물건을 개가 삼킨 것 같다면 즉시 동물 병원에 데리고 가야 한다.
공
어떤 개들은 공은 갖고 노는 물건이고 삼키면 안 된다는 것을 미처 모른다.
포크, 숟가락, 나이프 등
잡히기 전에 접시에 담긴 음식을 쓸어 먹던 중 딸려 들어간 포크, 숟가락, 심지어 나이프를 삼키는 경우도 있다.

속속들이

2019년 말, 먹으면 안 되는 것들을 계속 먹은 어떤 스패니얼 강아지 이야기가 신문에 실렸다. 그 개는 테니스공, 타이츠, 심지어 자기 장난감도 먹었다. 이 버릇을 멈추기 위해 가죽 입마개를 씌웠더니 그것마저 먹었다.

낚싯바늘
물고기나 미끼가 문제다. 아마 개는 물고기나 미끼를 먹으려 했을 것이다. 바늘이 있는 줄은 모르고.

나뭇가지
개가 나뭇가지를 먹었다면 다양한 원인이 있다. 심심해서, 배가 고파서, 영양소 결핍 때문에, 치아에 문제가 있어서 등.

양말
2014년에 미국 오리건 주 포틀랜드에서는 긴급 복부 수술 도중에 그레이트 데인 한 마리 몸에서 43과 2분의 1개의 양말을 제거했다.

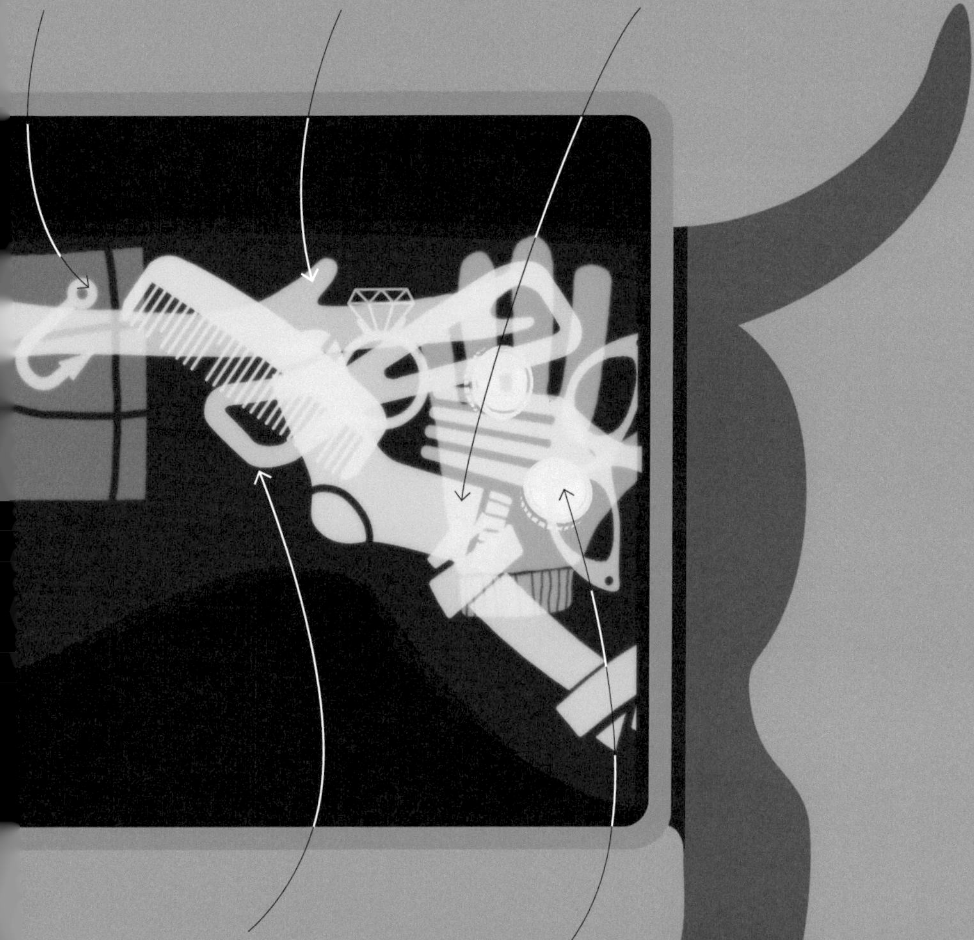

씹는 장난감
에 비해 장난감이 너무 작거나 장난감 일부가 떨어져 나오면 개가 삼켜버릴 수도 있다. 개가 씹는 장난감을 갖고 놀 때는 방치하지 말고 지켜보라.

돈
대개 작은 동전은 반대쪽 끝으로 빠져 나온다. 하지만 삼킨 동전에 붙은 세균 때문에 개가 병에 걸릴 수도 있다.

문학 속의 개

많은 사람이 슈퍼 탐정 셜록 홈즈가 실존 인물이라고 생각한다. 전설의 명탐정 셜록 홈즈는 아마도 실존한 어떤 탐정보다도 더 유명할 것이다. 많은 가상의 개들도 마찬가지이다. 홈즈 자신도 영국 작가 아서 코넌 도일이 쓴 세 번째 탐정 소설에서 문학에서 가장 악명 높은 견공 중 하나를 만나게 된다. 그 소설의 제목과 같은 이름의 안티히어로로 이야기부터 시작하면 좋겠다.
경고: 이어지는 지면에 스포일러 포함!

범례

다음 기준으로 개의 문학적 위상을 5점 만점인 별점으로 표시했다.

★ **유명세:** 얼마나 널리 알려진 개인지

★ **플롯 포인트:** 줄거리에서 개의 중요도

★ **각색:** 다른 매체 대비 개의 등장 빈도

★ **속편:** 같은 개가 또 등장하는 책의 수

★ **카리스마:** 개의 스타성

블러드하운드-마스티프 혼혈

바스커빌 가의 개

영국 데본에 있는 늪이 많은 고지대 다트무어가 배경인 「바스커빌 가의 개」는 찰스 바스커빌 경 살인 사건을 해결하기 위한 셜록 홈즈의 시도를 뒤쫓는다. 찰스 바스커빌은 제목에 나오는 전설적인 야수에게 살해당한 것 같다. 홈즈와 그의 조수 왓슨 박사는 사냥개는 잘못된 소문이 아니라 살인자 소유의 진짜 개라는 사실을 알아낸다. 살인자는 끔찍한 그림펜 마이어에서 최후를 맞는다.

유명세	★★★★★
플롯 포인트	★★★★★
각색	★★★☆☆
속편	☆☆☆☆☆
카리스마	★★★★☆

아르고스

호메로스(Homeros)의 「오뒷세이아」는 고대 그리스의 영웅 오디세우스가 트로이 전쟁이 끝난 후 집으로 돌아가는 긴 여정에 대한 이야기이다. 아르고스(Argos)는 이 서사시 22권 중 17번째 책에만 등장하지만 그의 역할은 매우 중요하다. 오디세우스는 너무 오랫동안 집을 떠나 있어서 아무도 그를 알아보지 못한다. 아르고스가 주인을 바라보며 누워서 죽기까지 영웅의 정체는 드러나지 않는다.

유명세	☆☆☆☆☆
플롯 포인트	★★★★★
각색	★★★☆☆
속편	☆☆☆☆☆
카리스마	★★★☆☆

레니

『구조견 레니: 전쟁터의 개』의 주인공 레니(Renni)는 유럽에 있는 가상의 국가에서 가상의 전쟁에 참전한 군견이다. 이 책의 저자인 오스트리아 작가 펠릭스 잘텐(Felix Salten)은 그의 초기 소설 『밤비』로 가장 잘 알려져 있다. 1940년에 최초로 출간된 레니의 이야기는 강아지 시절부터 전쟁에서 구조견으로 의무를 수행하다 부상 당하는 사건 등 레니의 삶이 담겨 있다.

유명세	★★★☆☆
플롯 포인트	★★★★★
각색	☆☆☆☆☆
속편	☆☆☆☆☆
카리스마	★★★★☆

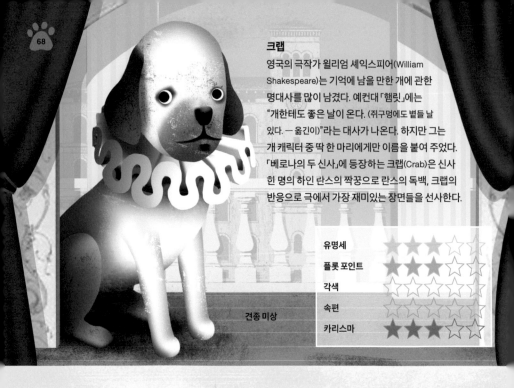

크랩

영국의 극작가 윌리엄 셰익스피어(William Shakespeare)는 기억에 남을 만한 개에 관한 명대사를 많이 남겼다. 예컨대 「햄릿」에는 "개한테도 좋은 날이 온다. (쥐구멍에도 볕들 날 있다. — 옮긴이)"라는 대사가 나온다. 하지만 그는 개 캐릭터 중 딱 한 마리에게만 이름을 붙여 주었다. 「베로나의 두 신사」에 등장하는 크랩(Crab)은 신사 한 명의 하인 란스의 짝꿍으로 란스의 독백, 크랩의 반응으로 극에서 가장 재미있는 장면들을 선사한다.

견종 미상

유명세	★★★☆☆
플롯 포인트	★★★☆☆
각색	☆☆☆☆☆
속편	☆☆☆☆☆
카리스마	★★★☆☆

이랑진군의 개

중국 전설의 신 이랑진군은 항상 주인을 도울 준비가 된 그의 이름 없는 개와 함께 다양한 소설에 등장한다. 그들은 명나라 시대 작가 오승은의 「서유기」에 최초로 등장한다. 「서유기」에서 이 개의 가장 의미 있는 개입은 결정적인 싸움에서 원숭이 왕 손오공의 다리를 문 사건이다.

울부짖는 천견

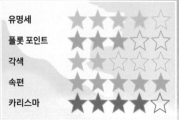

유명세	★★★★☆
플롯 포인트	★★★☆☆
각색	★★☆☆☆
속편	★★★★★
카리스마	★★★★☆

장발

2012년에 한국어로, 2016년에 영어로 처음 출간된 『푸른 개 장발』은 200만 부 이상 판매되었다. 이 책은 외톨이지만 더 좋은 삶을 꿈꾸는 개 장발의 이야기를 그린다. 장발과 장발의 주인은 어렵게 살아가면서도 우정과 용기로 함께 힘든 시기를 이겨내고 행복을 찾는다.

삽살개 혼종

유명세	★★★☆☆
플롯 포인트	★★★★★
각색	☆☆☆☆☆
속편	☆☆☆☆☆
카리스마	★★★★☆

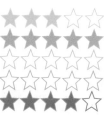

최고의 견공

이 문학 속의 스타 개들은 다양한 자질로 평가를 받았다. 그중 일부, 예를 들어 그들의 이야기가 영화나 연극으로 얼마나 많이 각색되었는가는 객관적으로 측정할 수 있는 반면 유명세나 카리스마는 내 마음대로 점수를 매겼다. 반대 의견도 환영이다. 종합해 본 승자와 패자는 다음과 같다.

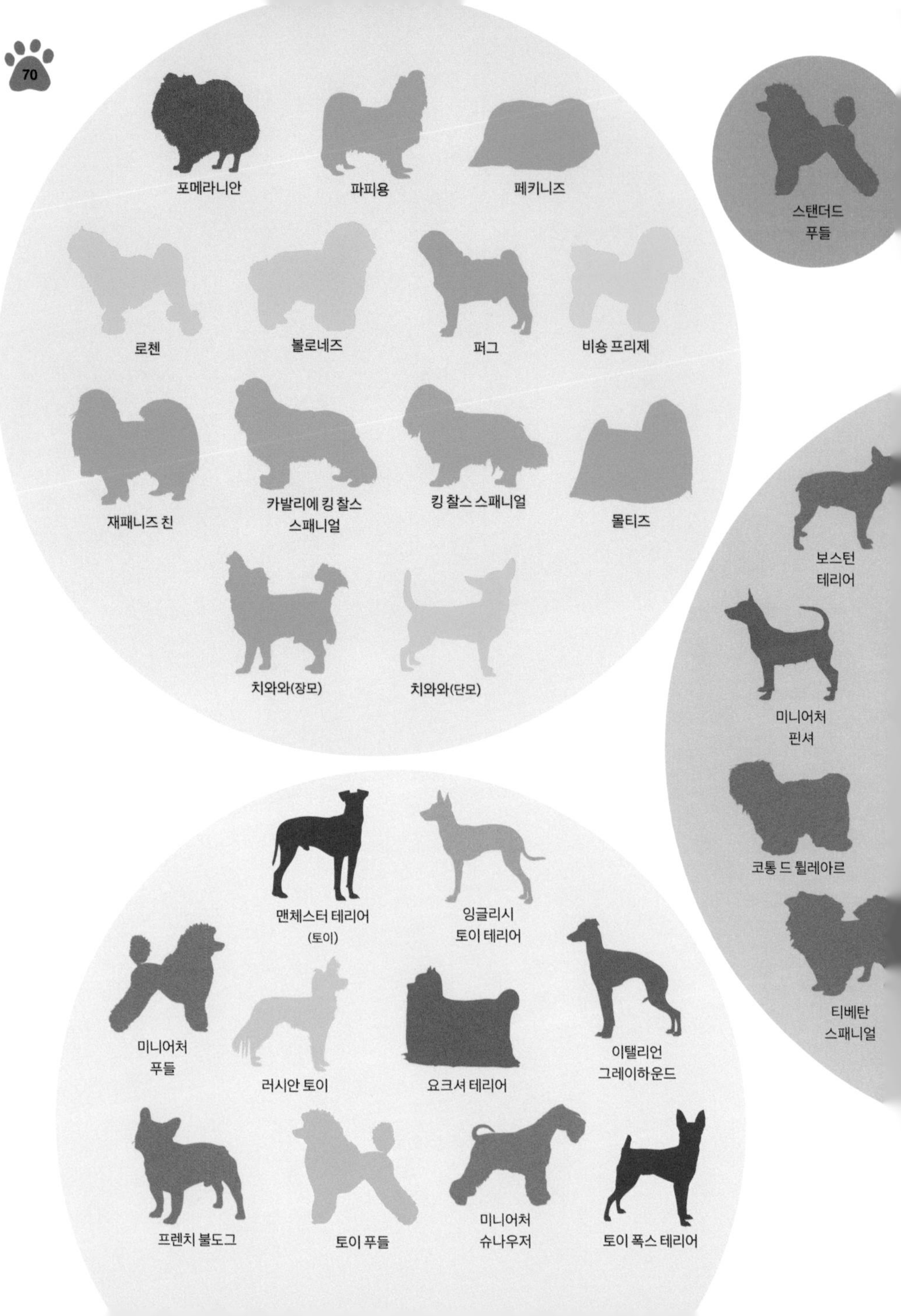
포메라니안
파피용
페키니즈
로첸
볼로네즈
퍼그
비숑 프리제
재패니즈 친
카발리에 킹 찰스 스패니얼
킹 찰스 스패니얼
몰티즈
치와와(장모)
치와와(단모)
스탠더드 푸들
보스턴 테리어
미니어처 핀셔
코통 드 튈레아르
티베탄 스패니얼
맨체스터 테리어 (토이)
잉글리시 토이 테리어
미니어처 푸들
러시안 토이
요크셔 테리어
이탤리언 그레이하운드
프렌치 불도그
토이 푸들
미니어처 슈나우저
토이 폭스 테리어

독자적 품종

스탠더드 푸들은 여기서는 별종이다. AKC와 TKC는 스탠더드 푸들을 비조렵견/실용견 그룹으로 분류했지만, FCI에서는 이 견종이 토이 그룹에 속한다!

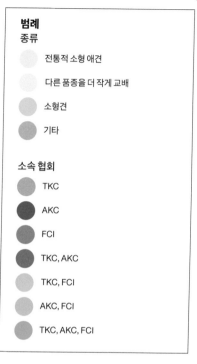

범례

종류

- 전통적 소형 애견
- 다른 품종을 더 작게 교배
- 소형견
- 기타

소속 협회

- TKC
- AKC
- FCI
- TKC, AKC
- TKC, FCI
- AKC, FCI
- TKC, AKC, FCI

토이 도그

FCI는 이 그룹을 반려견(Companion dog)이라고 부르는데, 이 그룹의 개들을 반려견이라고 생각하면 적절하다. 반려견은 노동을 위해 교배하지 않은 유일한 그룹이지만 그렇다고 해서 이 그룹의 개들이 덜 중요한 것은 아니다. 반려견이 되면 하루 24시간 일을 하고 이 그룹은 그 이름에 완벽하게 들어맞는 삶을 산다.

러시안 토이

러시안 토이는 체고가 25센티미터 남짓밖에 안 되지만 이 강인한 소형견은 러시아 혁명에서도 살아남았다. 귀족과 연관이 깊은 품종이기에 왕정이 폐지될 때 그들도 쉽게 말살당했을 수도 있다. 러시안 토이는 2017년에서야 TKC에서 공인을 받았다.

조그만 덩치, 대단한 성격

이 그룹 개들에게 '토이'라는 이름이 붙은 까닭은 자그마한 몸집 때문이기도 하다. 토이 도그는 예외 없이 작은데, 몸집만 작다. 작은 몸집 속에는 덩치를 넘어선 대담함이 잔뜩 들어차 있다.

이 그룹에는 전통적 소형 애견과 다양한 품종을 작게 교배한 품종이 섞여 있다. 토이 도그라 해서 전부 애견이 아니고, 애견이 전부 토이 도그가 아니라는 사실은 주목할만 하다! 이 그룹에는 매우 오래전부터 공인된 품종들도 일부 포함되어 있다.

최고의 인기

어느 토이 도그가 제일 인기인지에 대한 공통된 의견은 없는 것 같다. 세계 각국에서 가장 인기 많은 토이 품종은 무엇이며, 전체 품종 중 몇 위에 해당하는지는 아래와 같다.

1	**브라질**	포메라니안
9	**영국**	퍼그
12	**네덜란드**	프렌치 불도그
9	**남아프리카공화국**	포메라니안
12	**미국**	요크셔 테리어
7	**오스트레일리아**	카발리에 킹 찰스 스패니얼
2	**일본**	치와와
3	**포르투갈**	프렌치 불도그
1	**한국**	비숑 프리제
8	**프랑스**	카발리에 킹 찰스 스패니얼

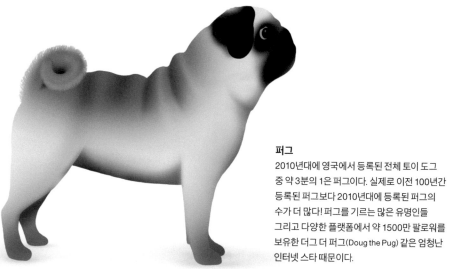

퍼그

2010년대에 영국에서 등록된 전체 토이 도그 중 약 3분의 1은 퍼그이다. 실제로 이전 100년간 등록된 퍼그보다 2010년대에 등록된 퍼그의 수가 더 많다! 퍼그를 기르는 많은 유명인들 그리고 다양한 플랫폼에서 약 1500만 팔로워를 보유한 더그 더 퍼그(Doug the Pug) 같은 엄청난 인터넷 스타 때문이다.

카발리에 킹 찰스

런던의 슬론 애비뉴에 있는 넬 귄 아파트 한 블록의 입구 위에는 찰스 2세의 정부였던 넬 귄(Nell Gwyn)의 동상이 있다. 발치에는 그녀의 정인의 이름을 따서 명명된 품종인 카발리에 킹 찰스 스패니얼이 있다.

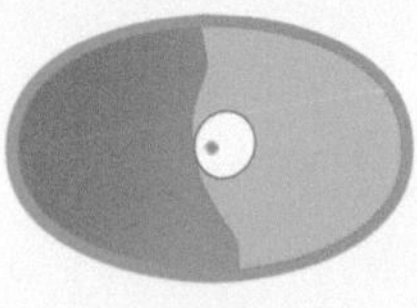

3주
주머니배가 자궁벽에 착상한다.
자궁은 영양을 공급하고 생명 유지를
돕는다. 이제는 길이 1센티미터
미만인 배아가 되었다.

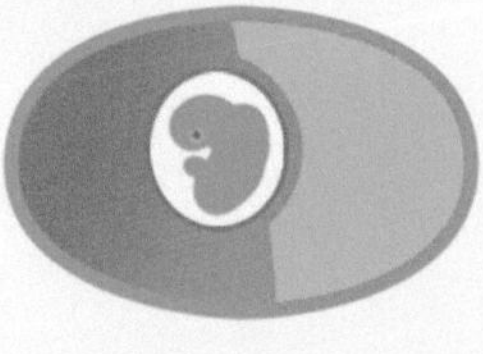

4주
지금쯤이면 머리와 눈이 발달했을 것이다.
이 무렵 임신 중임을 나타내기 위해 엄마
개의 행동이 바뀔 수도 있다. 하지만
체형에서 임신 여부가 드러나지는 않는다.

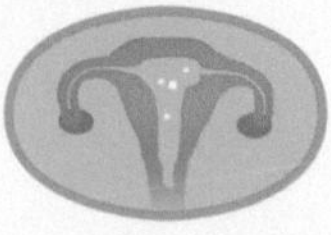

2주
수정된 세포가 자궁 내로 이동하고
분열을 거쳐 주머니배라는
베리 같은 구조를 형성한다.

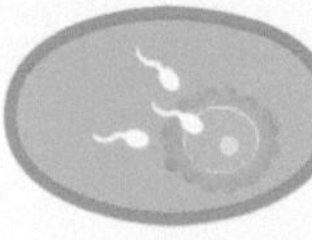

1주
1개 또는 많은 난자의 수정이
이루어지고 시계가 똑딱똑딱
가기 시작한다.

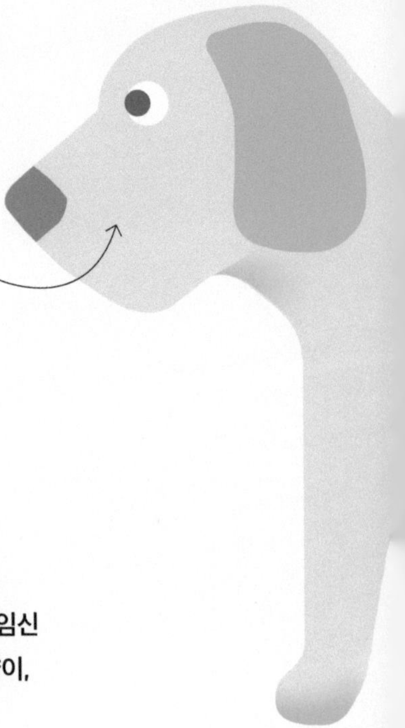

임신 기간

개의 임신 기간은 약 63일 또는 2개월 조금 넘게 지속된다. 인간의 임신 기간에 비하면 4분의 1도 안 되지만 쥐의 평균 임신 기간보다는 3배 더 길다. 태내에서 개가 자라는 기간은 고양이, 늑대와 비슷하지만 여우보다는 길다.

개의 8단계
성장 과정

5주

장기가 형성되고 성별이 결정된다. 태아는 5주차에 거의 2배 커지고 다리, 발가락, 꼬리가 있는 강아지 모습이 될 것이다.

6주

강아지가 발달의 마지막 단계에 진입하는 시기이다. 발톱이 생긴다.

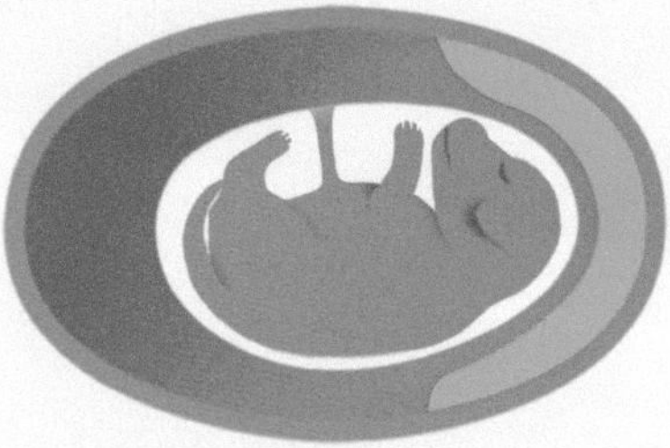

7주

뼈가 엑스선에 찍힐 만큼 상당히 석회화될 것이다. 엄마 개가 임신했음이 눈에 띄게 드러난다. 유두는 분홍색으로 변하고 털 없는 부분이 유두 주변을 둘러싼다.

평균적으로 개는 한 배에 대여섯 마리의 새끼를 낳는다. 한 배에서 난 강아지들의 아빠는 서로 다를 수도 있다.

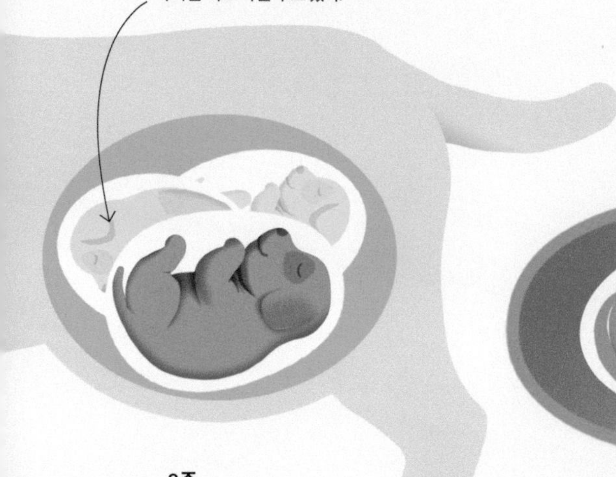

9주

엄마 개는 보금자리를 만들 호젓한 공간을 찾기 시작할 것이다. 두려워하거나 까탈스러워 보일 수도 있다.

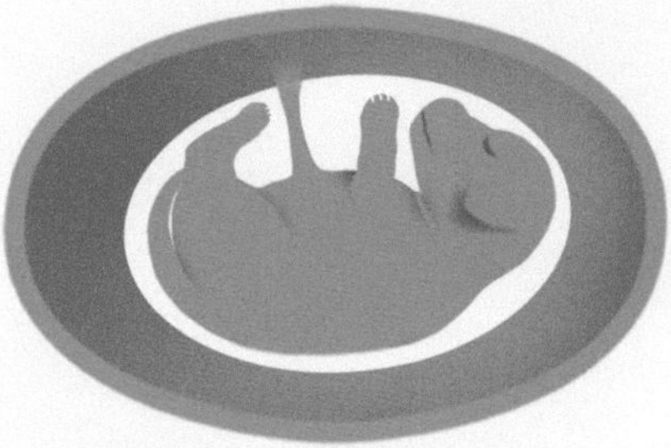

8주

이제 강아지는 털이 나고 태어날 준비가 되었을 것이다. 하지만 대개 9주까지 임신 기간이 지속된다.

신생아기

갓 태어난 강아지는 엄청나게 귀엽지만 앞이 보이지 않으니 자신의 귀여움을 미처 모를 것이다. 갓난 강아지는 소리도 못 듣고 이도 없다. 걷지도 못하고 자력으로는 아무것도 할 수 없어서 엄마 개에게 의지한다.

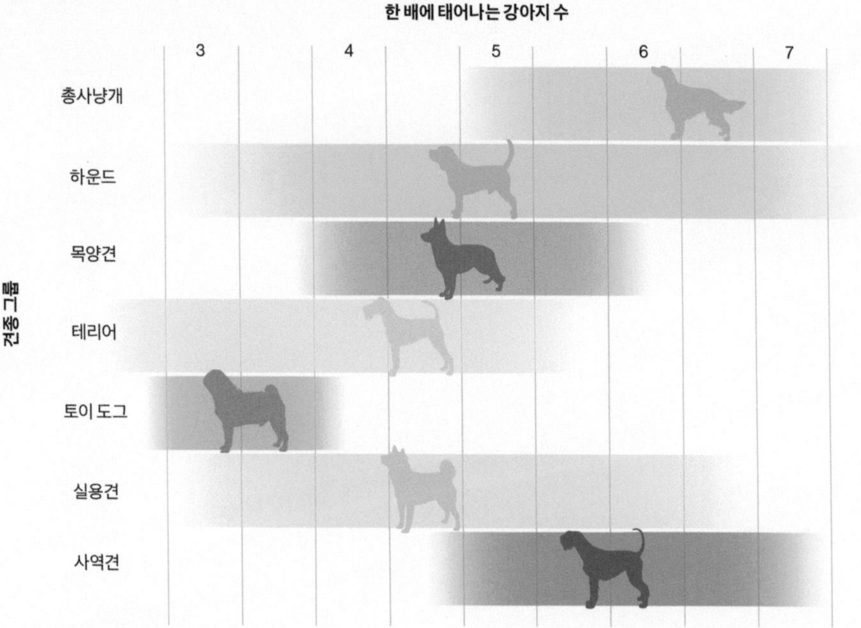

다양한 견종 그룹별 한 배 강아지 수

이 그래프는 다양한 견종 그룹에 따른 한 배 강아지 수의 평균과 범위를 보여 준다. 대개 체구가 큰 품종이 한 배에 새끼를 더 많이 낳는다.

무력한 갓난 강아지

첫 두어 주 동안 강아지의 일생은 온기 유지하기, 먹기, 자기, 몸단장 이 네 가지로 꽉 차 있다. 이 모든 것을 엄마의 존재에 의존한다. 기능은 채 발달하지 못했지만 갓난 강아지는 본능적으로 젖을 먹기 위해 엄마의 젖꼭지를 찾을 수 있다.

걷기, 꼬리 흔들기

갓난 강아지는 형제자매들과 소통하고 걷기도 시작할 것이다. 꼬리도 흔들 수 있고 낑낑거리며 짖는 소리도 낼 수 있다.

몸단장

엄마가 핥아 주면 강아지들이 깨끗해질 뿐만 아니라 필요한 부위를 핥아서 쉬, 응가 욕구를 자극하는 역할도 한다.

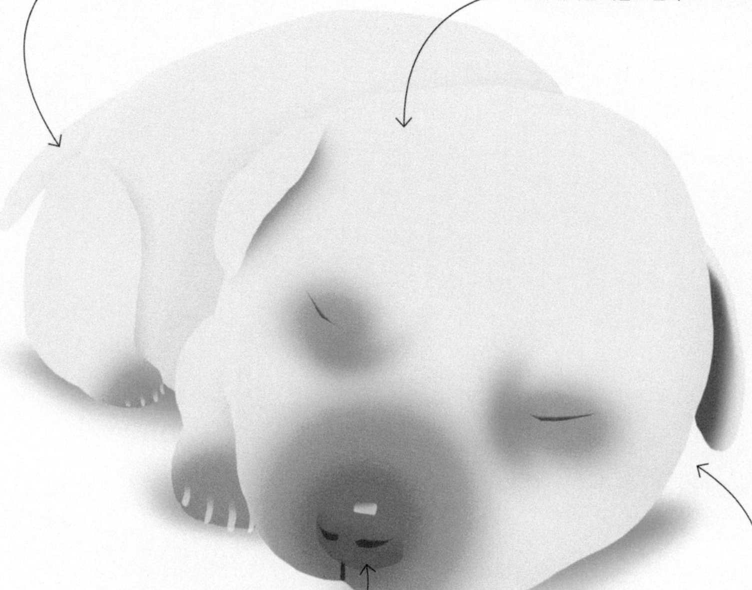

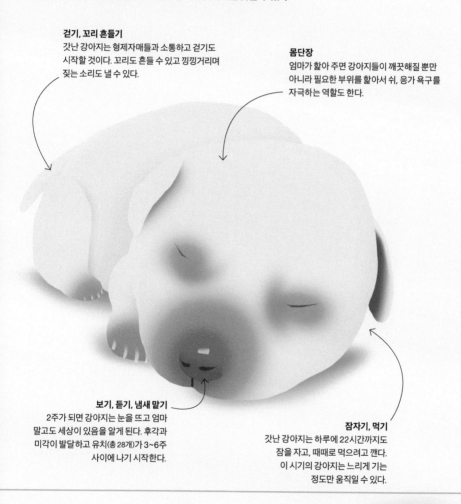

보기, 듣기, 냄새 맡기

2주가 되면 강아지는 눈을 뜨고 엄마 말고도 세상이 있음을 알게 된다. 후각과 미각이 발달하고 유치(총 28개)가 3~6주 사이에 나기 시작한다.

잠자기, 먹기

갓난 강아지는 하루에 22시간까지도 잠을 자고, 때때로 먹으려고 깬다. 이 시기의 강아지는 느리게 기는 정도만 움직일 수 있다.

강아지 시기

이제 강아지는 걷고, 짖고, 이가 있고, 진짜 신나는 일들이 시작된다. 성장기에 강아지는 활기가 가득하며 에너지를 발산하지만 아직은 밖에 나가면 안 된다. 지금으로서는 강아지의 세계는 곧 형제자매들이고 초기 학습도 시작된다.

단단한 음식(3~4주)

강아지가 3주쯤 되면 처음으로 단단한 음식을 먹을 수 있다. 배변 훈련도 이 시기에 시작된다. 강아지는 본능적으로 깔끔한 동물이기 때문에 말리지 않으면 스스로 대변을 치우려고 할 것이다.

놀기(4주)

형제자매들이 잠정적이고 끝없이 변하는 서열을 결정함에 따라 강아지들은 줄곧 싸움 놀이를 하고, 서로 물고 깍깍거릴 것이다. 이런 놀이가 강아지들이 눕기, 일어서기, 뛰어오르기, 구르기 등 신체 활동 방법을 연습하게끔 돕는다.

예방 접종(8~18주)

강아지가 언제 어떤 예방 접종을 해야 하는지는 나라마다 다르며 일부 지역에서는 예방 접종이 법적 의무이다. 예방 접종은 2~3회에 걸쳐 시행하며 이후에는 연 1회 추가 접종이 있다. 예방 접종은 강아지가 다른 개들, 다른 동물들과 안전하게 섞여 어울릴 수 있도록 해 주는 중요한 수단이다.

산책(12주부터)

예방 접종을 완료하면 강아지는 실외를 돌아다니며 산책해도 된다. 강아지들은 빨리 지치기 때문에 짧게 자주 산책을 하거나 놀이 기회를 갖는 것이 건강한 성장에 가장 좋다.

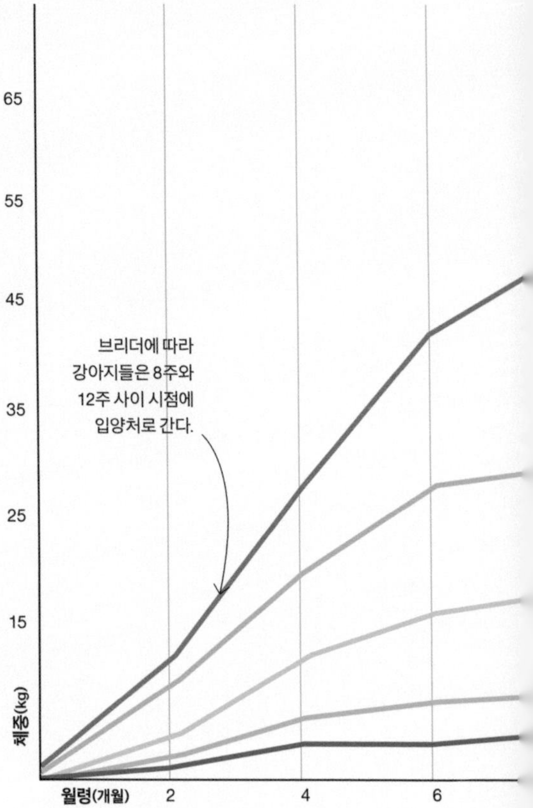

개의 8단계 성장 과정

강아지의 성장

모든 갓난 강아지는 정말 작지만 미니어처 품종은 1년 안에 성장이 끝난다. 하지만 거대한 품종들은 계속 자란다. 성장기의 개에게 음식을 너무 많이 먹이면 안 되는데 체중이 과하게 늘면 성장 중인 근골격계의 관절에 문제를 일으킬 수 있기 때문이다.

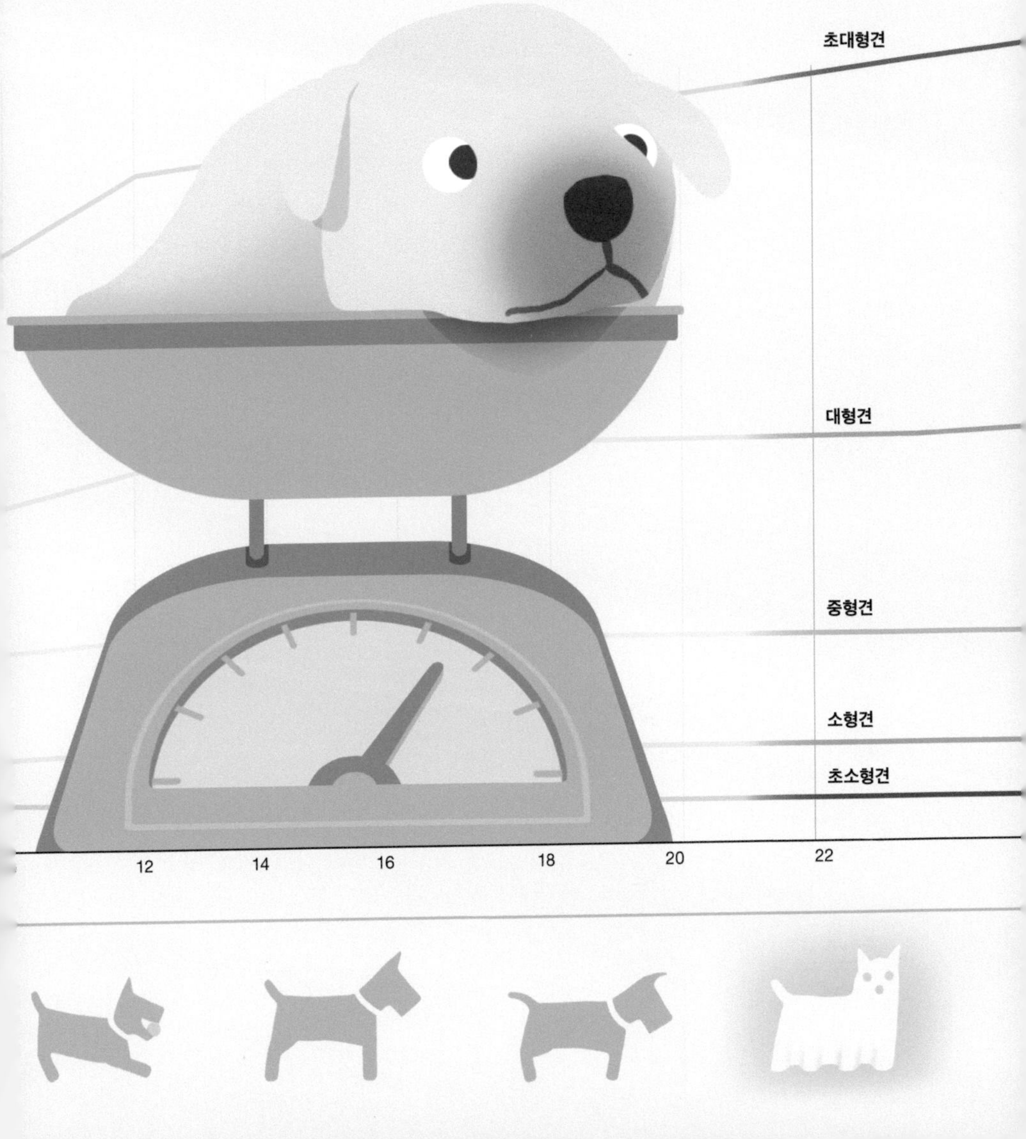

유년기

초기의 강아지 단계가 끝나면 젖니가 빠지고 영구치가 난다. 이 변화는 씹기가 찾아왔음을 알린다. 영구치가 나기 시작하면 이 닦기를 시작하는 것이 좋다. 치아의 건강을 유지하고 잇몸 질환을 방지하기 위해서이다.

젖니
젖니가 어디로 가는지 아무도 모른다. 걱정하지 않아도 된다.

사회화

이제 강아지는 산책을 갈 수 있고, 지평이 넓어지고 있다. 후각은 민감하지만 아직 강아지가 이 모든 냄새의 뜻을 알지는 못한다. 이와 같은 호기심과 돋아나는 영구치의 조합은 닿는 대로 물어뜯어서 망가뜨리는 결과를 초래한다.

이때쯤이면 유년기의 강아지는 예방 주사도 모두 맞았을 테고 사회화 과정이 시작될 것이다. 밖에 나가 돌아다니며 다른 개들과 어울리는 것은 흥미로운 시간이자 강아지의 학습 과정에서 또 다른 단계이다. 형제들과 싸우고 놀면서 같은 나이, 비슷한 몸집의 강아지를 상대해 보았지만, 다양한 나이, 크기, 성격의 개들을 마주하는 것은 완전히 다른 경험이다. 사회화 수업이 다른 개와 어울리기를 배우는 데 도움을 줄 수 있다.

장난으로 싸우다가 선을 넘을 수 있다는 징후

- 목 뒤 털이 곤두섬.
- 낮게 으르렁대는 소리: 놀면서 내는 요란한 으르렁 소리와는 매우 다름.
- 신중하게, 덜 활발하게 움직임.
- 꼬리를 집어넣음.

개의 8단계 성장 과정

슬리퍼 물어뜯기

개들이 뱉을 수는 없지만 물고 있던 것을 놓으라고 가르칠 수는 있다. 뭐든 씹어서 망가뜨리는 것을 막기 위해 "놓아."를 가르쳐 두면 좋다.

팔뚝 물기

물게 내버려 두면 안 된다. 핥을 수는 있지만 물 수는 없도록 손등만 내밀어준다.

가구 물어뜯기

냄새의 의미를 알아내는 유일한 방법은 입으로 물어서 씹어 보는 것이다.

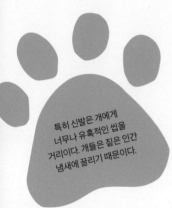

특히 신발은 개에게 너무나 유혹적인 씹을 거리이다. 개들은 짙은 인간 냄새에 끌리기 때문이다.

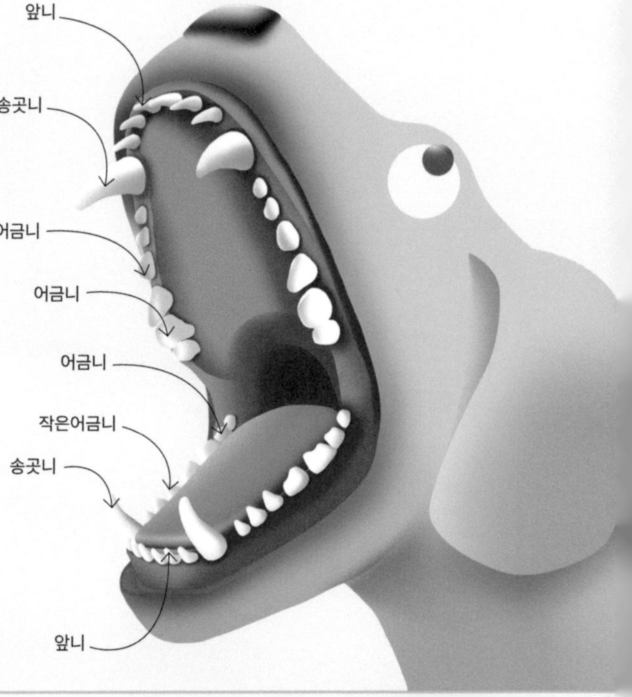

영구치

성견의 이는 42개이다. 앞니는 뼈에서 고기를 긁어내는 데 쓴다. 송곳니로 음식을 찢고, 작은어금니(소구치)로 음식을 잘게 자르고, 어금니로는 음식을 씹는다.

청소년기

견종마다 차이는 있으나 개들은 6개월에서 18개월 시점에 몸도 다 자라고 성숙해진다. 그러므로 최대 1년쯤 되는 이 기간은 사람의 10대 시기와도 같다. 감정과 신체 조절 능력에 비해 몸이 더 빠르게 자란다는 점에서 이 시기의 개는 사람 10대들과 비슷한 점이 많다.

10대의 반항

거의 품종에 관계없이 개는 엄청나게 활력이 넘칠 것이다. 운동도 중요한데, 근육이 뼈에 걸맞게 성장하도록 돕기 때문이다. 반항하는 인간 10대처럼 개가 허용된 한계를 뛰어넘으려 하면 훈련은 시험을 받게 된다. 바로 이 때문에 이 시기에 개를 브리더에게 돌려보내거나 유기견 센터로 보낼 확률이 가장 높다. 반환이나 유기되는 개의 90퍼센트 이상은 복종 훈련을 받은 적이 없다.

허가된 장소에서는 대개 줄을 풀고 다니기도 하므로 부르면 잘 오도록 가르쳐 두는 것이 중요하다. 세상을 탐색하는 개와 길을 잃고 떠도는 개는 종이 한 장 차이이다.

성적 성숙

이 시기에 또 개는 성적으로 성숙해진다. 암컷을 기르는 사람들은 발정기를 알아두는 것이 중요하다. 수컷을 기르는 사람들은 개들이 갑자기 먼 데 있는, 시야 밖에 있을 수도 있는 암컷을 향해 내달리는 상황을 직면하게 될 수도 있다.

중성화

개를 기르는 사람들이 중성화를 고려하는 것은 딱히 놀랍지 않다. 암컷에게 중성화는 카펫에 원치 않는 핏자국이 생길 일도, 수컷이 추근거릴 일도, 원치 않는 강아지가 생길 일도 없어진다는 뜻이다. 수컷에게 중성화는 공격성이 줄고, 성격이 좀 느긋해지고, 길을 잃을 가능성이 작아진다는 뜻이다.

암컷 개의 발정 주기

암컷은 1년에 약 두 번 발정기가 오고, 발정기의 암컷은 대부분의 수컷 개의 관심의 대상이 된다. 그러므로 산책 가기가 상당히 어려워질 수 있고, 암컷 개 보호자 중 발정기에는 외출을 안 하려는 사람들도 있다.

범례

- **발정 이전기:** 임신 가능성 없음. 약 9일간 지속되며 암컷은 구애를 거절할 것이다. 출혈이 시작된다.
- **발정기:** 가임기. 3~11일간 지속되며 암컷은 구애를 받아들일 것이다.
- **발정 휴지기:** 임신 가능성 없음. 2개월까지 지속된다.
- **무발정기:** 임신 가능성 없음. 5~7개월 지속된다.
- 배란
- 0일
- 황체 형성 호르몬

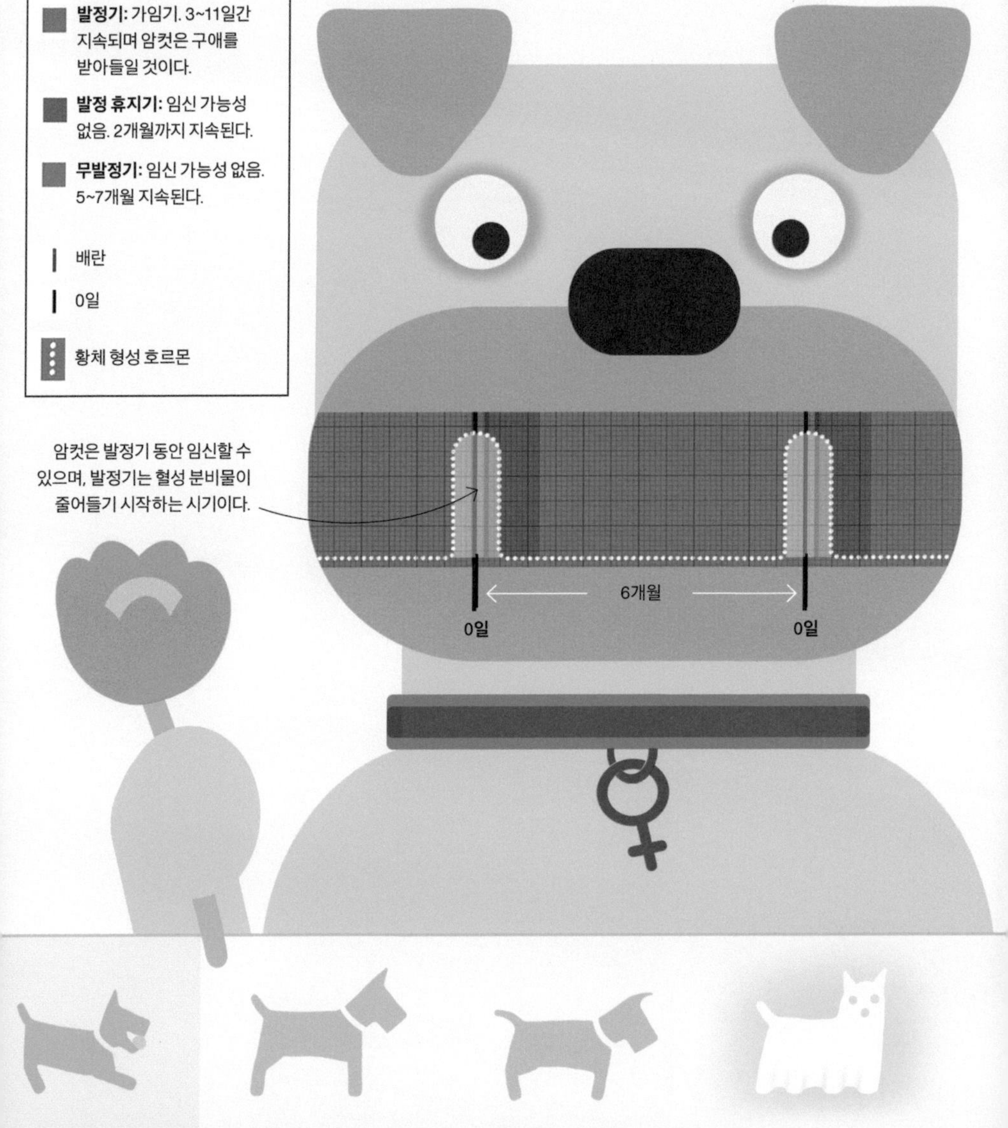

암컷은 발정기 동안 임신할 수 있으며, 발정기는 혈성 분비물이 줄어들기 시작하는 시기이다.
6개월
0일
0일

성견기

개는 2년이 되면 신체적으로도 정신적으로도 완전히 자란다. 이 시기 이후에도 행동의 변화는 있을 수 있지만, 개가 아직 더 성장해야 해서 생기는 것이라기보다는 개에게 일어난 일과 관련이 있을 것이다. 앞에서(30~31쪽) 우리는 개의 하루가 평균적으로 어떤지 알아보았고, 그 일과는 이 시기부터 시작된다.

새로운 재주

늙은 개에게 새로운 재주를 가르칠 수 없다는 것은 사실이 아니다. 사실 그 반대이며 다 자란 개에게도 자극이 필요하다는 인식도 중요하다. 어떤 면에서는 어린 개보다 성견에게 자극이 더 필요하다. 어린 하룻강아지들에게는 모든 것이 새롭기 때문이다.

다양성

다 자란 개는 틀에 갇히기 쉽지만 새로운 것들을 시도하며 신체적, 정신적으로 더 건강해질 수 있다. 새로운 시도에는 갖고 놀 새로운 장난감, 다양한 놀이, 매일 가던 길 말고 다른 길로 산책하기 등이 포함된다. 다채로움은 인생의 묘미이다.

있으나 없으나

이 시기는 개의 일생에서 가장 긴 단계이고 개들이 사람 가족에게 없어서는 안 될 일부가 되는 시기이다.

개들의 신체적 시계는 가정의 일과표에 맞춰진다. 개들은 언제 아이들이 학교에 갔다가 집에 오는지 알고, 언제 어른들이 직장에 갔다가 거의 집에 다 오는지도 안다. 저녁 먹을 시간이 되면 개들은 마치 살아 숨 쉬는 알람 시계 같다. 하지만 무엇보다도 개들은 늘 당신의 기분을 알고 있는 것 같다.

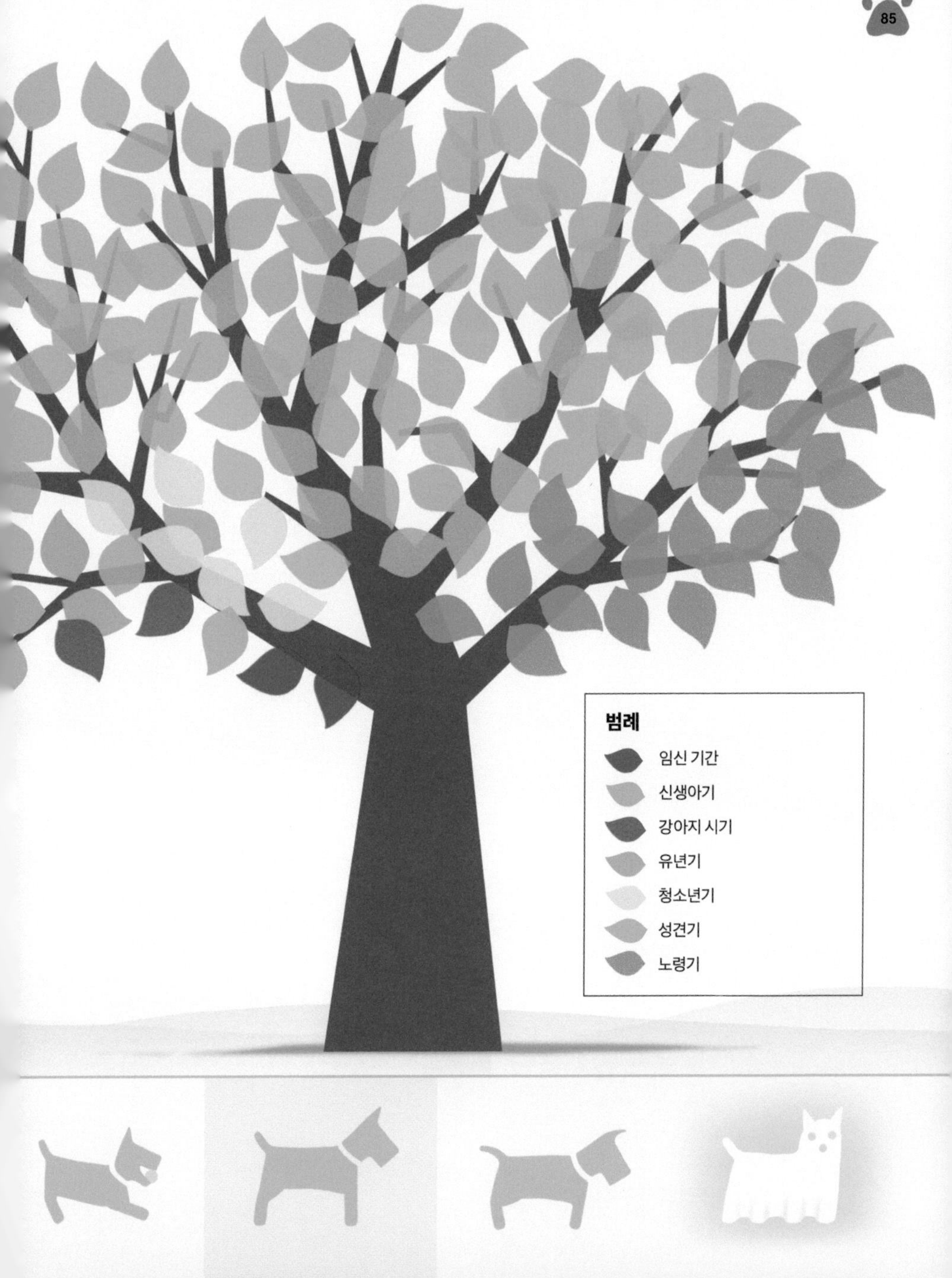
범례
임신 기간
신생아기
강아지 시기
유년기
청소년기
성견기
노령기

노령기

우리 모두 그렇게 될 테지만, 눈치채지 못한 사이에 당신의 개는 기력이 쇠해질 것이다. 한 시간에 다녀오던 산책도 지금은 75분이 걸린다. 다람쥐를 쫓던 곳에서 지금은 고개를 까딱거린다. 다른 개와 격렬하게 잡기 놀이를 할 만한 일에 지금은 편안히 담소를 나눈다.

산책은 더 짧게

당연한 삶의 주기이지만 당신이 변화를 알아차려야 한다. 운동량이 적어지면 살이 붙지 않도록 먹는 양을 줄여야 한다. 당신의 개는 더이상 소파에 뛰어오르거나 계단을 날아 올라가지 못하게 될 것이다. 한두 번 길게 오래 걷던 것 대신 짧은 산책을 여러 번 하게 될 것이다. 만년에 접어든 개에게는 운동이 필요하지만 하루에 여러 번으로 나누어 해야 한다.

관심은 더 많이

개가 지금껏 의존해 온 능력들이 사라지기 시작할 것이다. 시력, 청력, 후각이 좋지 않아질 것이다. 이런 변화를 인지하는 것이 중요하다. 당신의 개가 당신을 못 본 체 하는 것이 아니라 그냥 지난 세월보다 안 들리고, 안 보이고, 냄새가 안 느껴지는 것인지도 모른다.

나이든 개들은 추위를 더 많이 탈 테고, 더 많이 쉬어야 하고, 더 편안한 잠자리가 필요할 것이다. 화장실도 더 자주 가 주어야 한다! 노령견은 길고 행복한 만년을 보낼 수 있지만, 아주 어린 강아지들이 잘 지내는지 확인하기 위해 많은 관심이 필요했던 시절로 돌아가는 것과 비슷하다.

개의 8단계 성장 과정

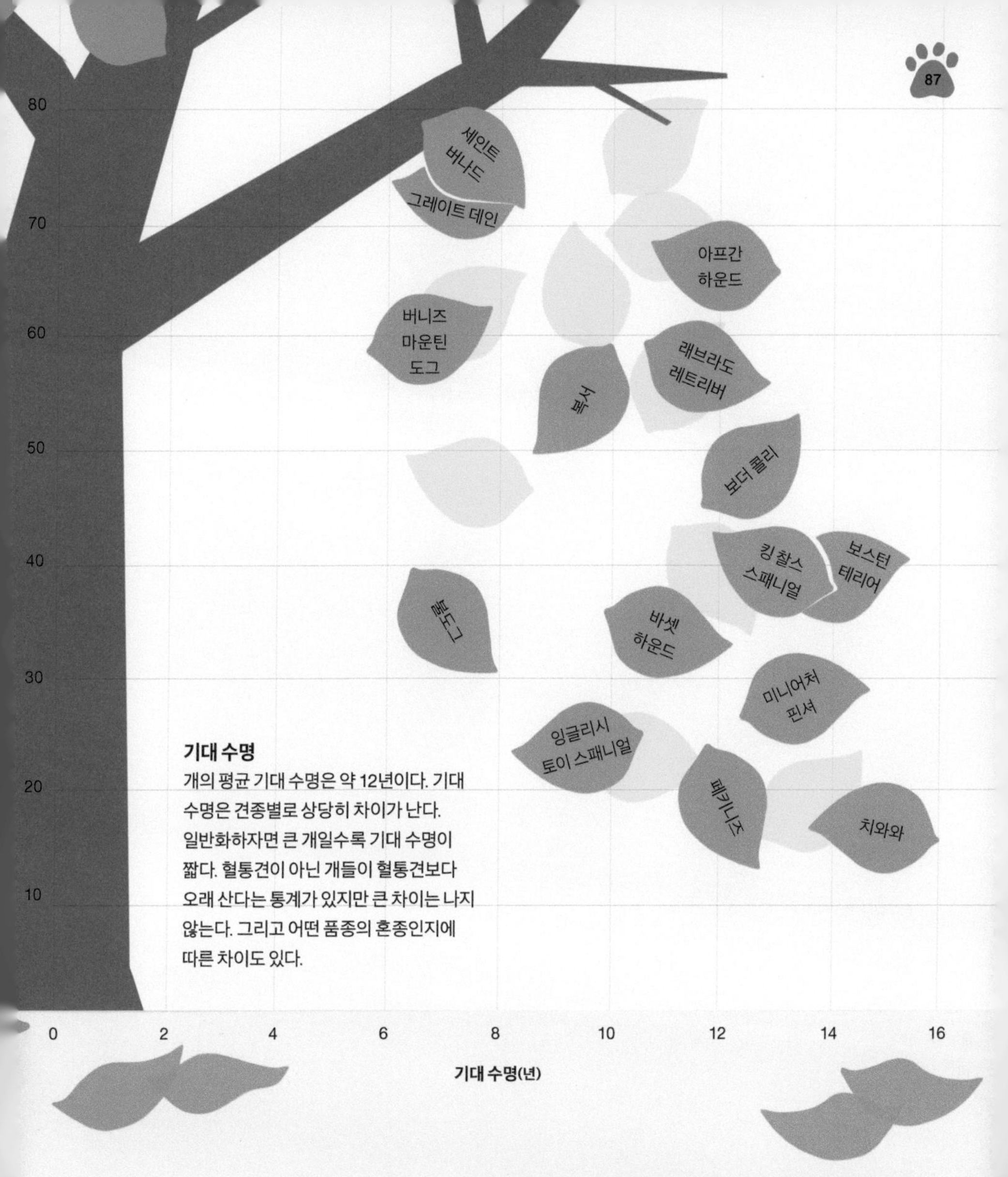

기대 수명

개의 평균 기대 수명은 약 12년이다. 기대 수명은 견종별로 상당히 차이가 난다. 일반화하자면 큰 개일수록 기대 수명이 짧다. 혈통견이 아닌 개들이 혈통견보다 오래 산다는 통계가 있지만 큰 차이는 나지 않는다. 그리고 어떤 품종의 혼종인지에 따른 차이도 있다.

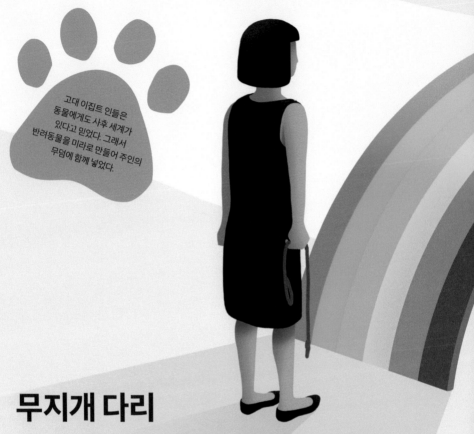

고대 이집트 인들은 동물에게도 사후 세계가 있다고 믿었다. 그래서 반려동물을 미라로 만들어 주인의 무덤에 함께 넣었다.

무지개 다리

개들은 죽지 않는다. 때가 되면 개들은 무지개 다리로 떠난다. 거기서 다시 찬란한 젊은 시절로 돌아간다. 생기가 넘치고 발랄하던 때로. 태양이 빛나는 초록빛 벌판, 반짝이는 개울에는 맑은 물이 흐른다. 다른 개들과 즐거운 시간을 보내며 무지개 다리 너머에서 개들은 사람 가족과 다시 만날 날을 기다린다.

개의 8단계 성장 과정

삶의 마지막

1980년대에 일종의 현상이 된 이래로 무지개 다리는 많은 이들에게 위안을 준 개념이다. 세계 각지의 개를 사랑하는 사람들은 개가 생명을 다했을 때 무지개 다리를 건넌다고 상상한다. 누가 무지개 다리를 생각해 냈는지는 논란의 여지가 있지만 남겨진 가족에게 위로를 준다는 점에서는 이론의 여지가 없다. 사실 개들도 죽고 개들은 가족에게 꼭 필요한 존재였기에 개의 죽음은 충격적인 경험이다. 하지만 많은 이들은 개의 죽음은 아이들이 죽음을 이해하기 시작하는 좋은 계기라고 생각한다.

개의 기대 수명에 영향을 미치는 요소는 품종 외에도 다양하다. 인간과 마찬가지로 식습관도 매우 중요하다. 평균적으로 중성화 수술을 받은 개가 수술을 받지 않은 개보다 몇 개월 더 오래 산다. 이 차이는 주로 중성화 수술을 하지 않은 개들의 암 발병 위험성 때문이라고 설명할 수 있다.

20%

미국의 장의사 중 20퍼센트는 개들을 위한 장례식도 한다.

40%

영국의 개 중 40퍼센트가 정원에 묻힌다.

돈으로 살 수 있는 게 많다

1964년 3월 비틀스는 여섯 번째 싱글을 발표했고 "돈으로 사랑을 살 수는 없다."라는 메시지를 전했다. 바가지 머리를 한 네 사람이 개를 안 키워본 것임이 분명하다. 그런데 최고의 친구를 제대로 모시려면 돈이 얼마나 들까?

초기 비용

가장 비싼 순혈 품종견 가격은 거의 1만 파운드에 육박한다. 이것도 엄청난 금액이지만 2014년에는 티베탄 마스티프 강아지가 거의 150만 파운드에 팔렸다고 알려져 있다! 멍멍이한테 그렇게나 돈을 많이 쓴다면 당연히 잘 대접해야 하지 않을까. 베르사체는 소매 가격이 500파운드가 넘는 개 밥그릇을 만들었다.

그 개 얼마예요?

개 구입 가격은 세계 각지에서 크게 다르다. 세상에서 가장 사랑받는 개로 알려진 래브라도의 예를 살펴보면 런던에서는 최대 2300파운드까지 값이 나가지만 그리스 아테네에서는 175파운드 정도까지 내려간다. 베이징에서는 360파운드 정도로 마드리드와 비슷하지만 뉴욕과 토론토에서는 1150파운드 정도이다.

이 돈다발은 사라지고 사랑이 그 자리를 차지할 것이다.

월 비용

유지비는 반려견이 살아 있는 한 지불해야 하는 비용이다. 이 수치는 월 비용을 기준으로 하며 개의 몸집과 품종에 따라 달라질 수 있다. 이 외에 고려해야 할 비용도 있다. 당신이 개와 함께 하는 삶을 어떻게 마련하는지, 반려동물 보험에 가입하지 않은 경우 발생할 수 있는 일들에 따라 달라진다. 기타 비용에 포함되는 것들로는 산책 도우미 급여, 강아지 유치원, 반려동물 여권, 강아지 호텔비, 중성화나 난소 제거 비용 등이 있다. 강아지를 기르는 데는 돈이 많이 든다. 대형 품종의 경우 평생에 걸쳐 거의 1만 5000파운드의 추가 비용이 들 수 있다. 배변 봉투만 해도 얼마나 많겠는가!

직업이 있는 개

개들은 대개 반려견이지만 처음 인간과 관계를 맺은 개들은 일하는 개였음을 잊어서는 안 된다. 많은 개들이 지닌 품종의 특성 덕분에 개들은 여전히 인간의 완벽한 작업 파트너이다. 전 세계에서 개는 다양한 방식으로 사회에 기여한다. 추운 겨울밤 발을 따뜻하게 해 줄 뿐만 아니라.

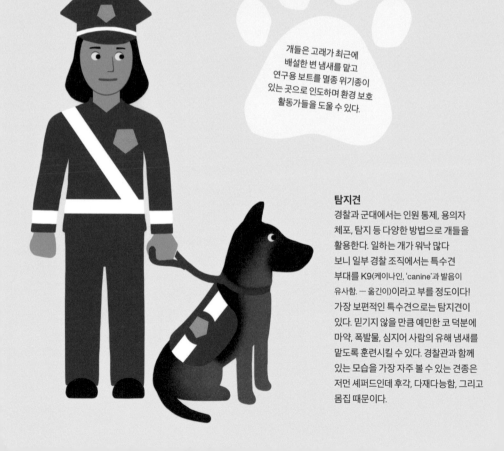

개들은 고래가 최근에 배설한 변 냄새를 맡고 연구용 보트를 멸종 위기종이 있는 곳으로 인도하며 환경 보호 활동가들을 도울 수 있다.

탐지견

경찰과 군대에서는 인원 통제, 용의자 체포, 탐지 등 다양한 방법으로 개들을 활용한다. 일하는 개가 워낙 많다 보니 일부 경찰 조직에서는 특수견 부대를 K9(케이나인, 'canine'과 발음이 유사함. — 옮긴이)이라고 부를 정도이다! 가장 보편적인 특수견으로는 탐지견이 있다. 믿기지 않을 만큼 예민한 코 덕분에 마약, 폭발물, 심지어 사람의 유해 냄새를 맡도록 훈련시킬 수 있다. 경찰관과 함께 있는 모습을 가장 자주 볼 수 있는 견종은 저먼 셰퍼드인데 후각, 다재다능함, 그리고 몸집 때문이다.

시각 장애인 안내견

제1차 세계 대전에서 시력을 잃은 군인들을 돕기 위해 개를 훈련하기 시작한 독일의 의사 게르하르트 스탈링(Gerhard Stalling) 덕분에 안내견이 활약하게 되었다. 독일 북서부 올덴부르크(Oldenburg) 마을에 있는 안내견 학교는 독일 전역으로 퍼져나갔고 전 세계로 개들을 파견했다. 골든 레트리버와 래브라도 레트리버가 가장 흔히 안내견 일을 하는데, 훈련하기 좋고 성격이 온화하기 때문이다.

수색, 구조

좋지 않은 일이 발생하면 금세 수색, 구조견이 등장한다. 그들은 재난이나 사고가 발생해서 사람들을 빨리 찾아내야 할 때 활용된다. 사람의 냄새를 맡는 훈련으로 후각을 단련한 수색 구조견들은 핸들러(특수 목적견이나 쇼도그와 함께 일하는 사람. — 옮긴이)를 목표물로 인도한다. 현재 알려진 수색 구조견 활용의 최초 사례는 제1차 세계 대전 시기 전장에서 부상 당한 군인을 찾기 위해 적십자가 수색 구조견을 사용한 사례이다. 블러드하운드가 업계 최고의 코 보유견이다.

치료견

현대 간호의 창시자인 플로렌스 나이팅게일(Florence Nightingale)이 1860년대 후반 동물 매개 치료라는 개념을 세계 최초로 도입한 이래로 동물과 시간을 보내는 활동의 이점은 다양한 근거로 입증되어 왔다. 지지, 기분 전환, 격려를 위한 개 활용은 20세기에 빠르게 성장했다. 치료견 일을 하기에 제일 적합한 견종이 따로 있는 것은 아니다. 치료견으로서의 적합성은 개 저마다의 성격, 받은 훈련과 더 관련이 깊다.

양치기 개

양치기 개라는 용어는 개가 양 관련 일을 할 때 수행하는 두 가지 역할인 양 몰기, 지키기를 모두 포함한다. 이 중 더 많은 기술과 다양한 능력을 필요로 하는 역할은 양 몰기이다. 양을 잘 몰려면 빠른 사고력과 행동력이 매우 중요하고, 주의력과 집중력도 필요하다. 양치기 개 대회가 언제, 어디서 최초로 경기 스포츠가 되었는가에 대해서는 이견이 있다. 일부는 1867년 뉴질랜드의 와나카가 시초라고 하고, 다른 이들은 1873년 웨일스 소재 발라의 손을 들어준다. 어느 쪽이 원조이든, 양치기 개 대회는 항상 치열한 경쟁과 자부심의 원천이다. 보더 콜리는 양치기 개로서 최고인데, 뛰어난 속도, 민첩성, 주의 집중력, 양떼 통제를 위한 시선 활용을 모두 갖추었기 때문이다.

청각 장애인 안내견

시각 장애인 안내견이 약 한 세기 동안 활동해 온 반면 청각 장애인 안내견은 1970년에 와서야 등장했다. 청각 장애인 안내견은 주변에서 나는 소리에 대해 알려 주며 반려인이 주변 환경을 파악하도록 돕는다. 가정에서는 알람, 초인종, 핸드폰 소리 등을 알려 주고, 야외에서는 차 소리, 다른 사람 소리, 다른 개 소리 등을 알려 준다. 독자들도 예상할 법한 레트리버는 물론이고 코커 스패니얼, 푸들도 최고의 청각 장애인 안내견이다.

썰매개

썰매개는 9000년 이상 사람들이 북극과 혹한의 조건을 가진 다양한 장소에서 이동할 수 있도록 돕기 위해 매우 혹독한 환경에서 일해 왔다. 그들은 단체로 눈밭을 가로지르며 짐을 끄는 일을 한다. 스노모빌이 발명되며 현재는 썰매개 활용이 줄어들었지만, 개썰매 경주는 많은 이들을 매료하고 있다. 주요 썰매개 품종으로는 알래스칸 허스키와 맬러뮤트, 캐나디안 이누이트 도그, 사모예드가 있다.

줄에 매여 있을 때

줄을 매고 산책할 때는 사람과 개가 같은 속도로 움직이는 것이 중요하다. 그러기 위해서는 사람도 개도 똑같은 정도로 주의를 집중해야 한다.

개가 줄을 당긴다면 멈춰 서서
개가 집중하게 한다. 당신의
지시에 따라 함께 계속 이동한다.

줄이 너무 짧으면

개와 사람이 걷는 속도가 다르면 리드줄이 브레이크나 견인용 밧줄이 되어 버린다. 둘 다 좋지 않다.

줄이 너무 늘어지면

개는 리드줄에 매여 있다는 사실을 재빨리 잊고 자기 볼일을 볼 것이다.

줄이 적당히 느슨하면

개도 줄에 매여 있다는 것을 알 수 있고 사람도 필요한 경우 줄로 개를 통제할 수 있다.

줄에서 풀었을 때

줄을 매지 않고 산책을 하면 훌륭한 훈련의 결과로 얻은 통제가 물리적 연결을 대체한다.

자유

줄을 풀면 개는 원하는 일을 할 자유를 얻는다. 그러므로 항상 주의를 놓지 말아야 한다.

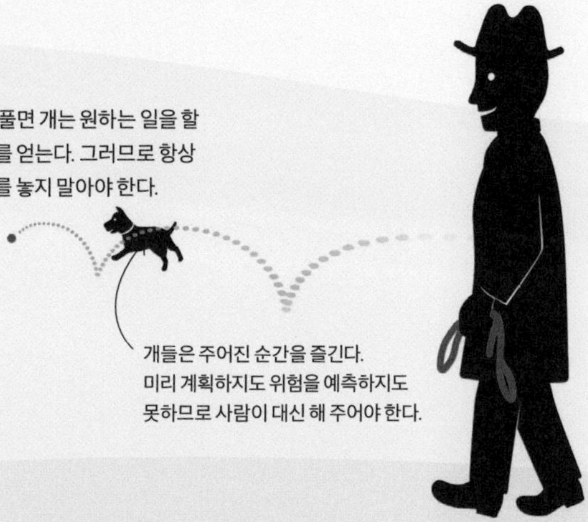

개들은 주어진 순간을 즐긴다. 미리 계획하지도 위험을 예측하지도 못하므로 사람이 대신 해 주어야 한다.

너무 먼 곳의 기준은?

개마다 또 사람마다 너무 먼 곳의 기준은 다르다. 부르면 얼마나 잘 오는지, 개가 시야에서 벗어나도 사람이 개를 얼마나 신뢰하는지에 달려 있다.

누가 누구를 산책시킬까?

16세기 프랑스의 철학자 미셸 드 몽테뉴(Michel de Montaigne)는 “내가 고양이와 놀아 줄 때, 사실은 고양이가 나와 놀아 주는 건 아닌지 내가 어떻게 알까?”라는 유명한 생각을 했다. 개를 산책시키는 사람들도 꼬리를 물듯 분명히 비슷한 생각을 했을 것이다. 사람이 개에게 줄을 매었지만 줄 반대편 끝에는 사람이 있다. 그러니까 누가 누구를 산책시키는 걸까?

바짝 붙어 걷기

개가 사람 바로 곁에서 걷는다는 뜻으로 근처에 찻길이나 소풍 나온 사람들 같은 위험 요소가 있을 때 이렇게 걸으면 매우 좋다!

꾸준히 칭찬하고 가끔 간식도 주면서 친밀한 접촉을 유지한다.

아프면 쉬세요

개들은 아파도 사람에게 아프다고 말할 수 없다. 그러므로 최대한 빠르게 문제의 원인을 조사할 수 있도록 사람이 개를 잘 살펴보아야 한다. 주의해야 하는 미세한 징후를 몇 가지 소개한다.

행동

우리는 개와 많은 시간을 함께 보내므로 개들이 평범한 하루에 무엇을 하며 보내는지 안다. 덕분에 개의 행동이 변하면 쉽게 알아챌 수 있다.

충전기에
연결하고 싶어도
참자!

활력이 변하면

개의 활력에 변화가 생기면 뭔가 잘못 돌아가고 있다는 좋은 단서이다. 덜 놀고, 덜 달리거나 전반적으로 좀 처지는가?

엉덩이를 끌면

개를 기르는 사람이라면 누구나 언젠가는 엉덩이를 끌고 가는 개를 보게 된다. 정체를 모르고 보면 사실 상당히 재미있어 보이지만 알고 보면 그렇지 않다. 개의 엉덩이에 뭔가 거슬리는 것이 있다는 뜻이다.

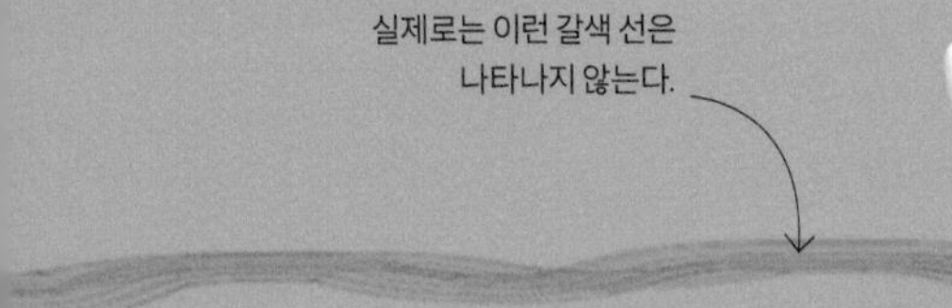
실제로는 이런 갈색 선은
나타나지 않는다.

쓰다듬거나 안을 때 이상하게 반응하면

내상이 있거나 뼈에 손상을 입은 경우, 사람이 그 부위를 만지려고 하면 개들이 반응할 것이다.

통증을 느끼면 공격적으로 반응할 수 있으므로 조심해야 한다.

귀에 박힌 것을 빼려고 개의 귀에 뭔가를 넣으면 절대 안 된다.

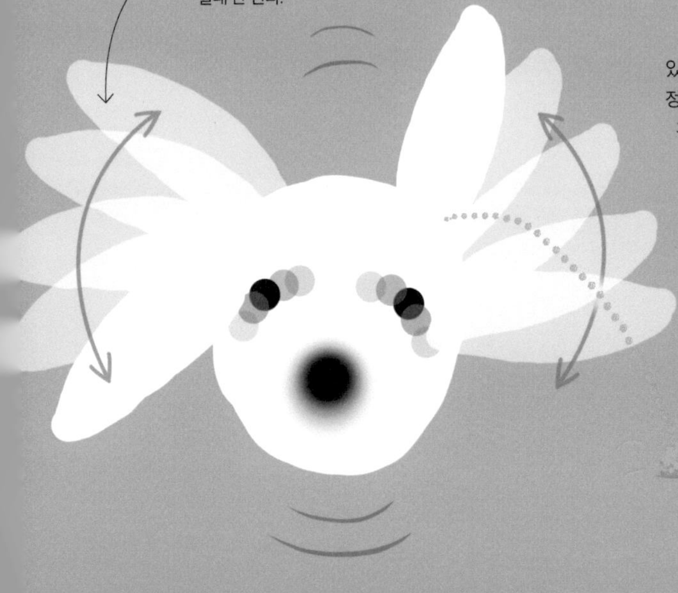

머리를 너무 심하게 흔들면

머리 흔들기는 평범한 행동일 수 있지만 이따금 흔드는 모습이 보여야 정상이다. 1주일에 두 번 이상 머리를 흔들면 주의 깊게 지켜보아야 한다. 귀에 이물질이 들어갔거나 감염을 뜻할 수도 있기 때문이다.

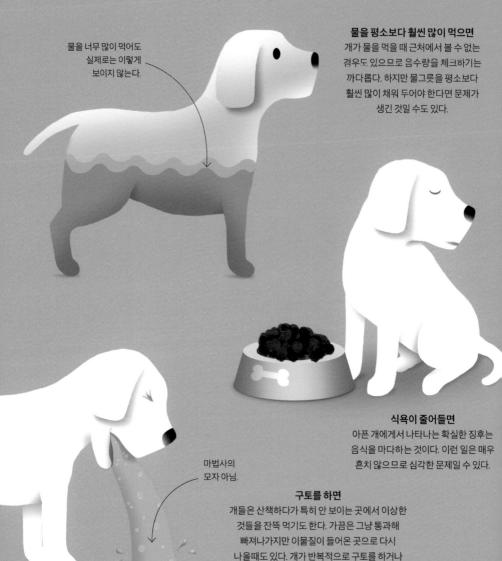

소화

인류 의학의 초기에는 소화계의 반대편 끝에서 무엇이 나오는지 확인하는 데 큰 노력을 기울였다. 개에게도 이렇게 해 주면 좋다.

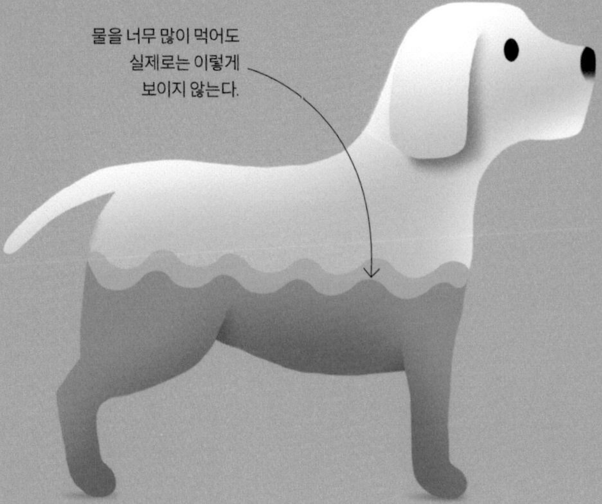
물을 너무 많이 먹어도
실제로는 이렇게
보이지 않는다.

물을 평소보다 훨씬 많이 먹으면

개가 물을 먹을 때 근처에서 볼 수 없는 경우도 있으므로 음수량을 체크하기는 까다롭다. 하지만 물그릇을 평소보다 훨씬 많이 채워 두어야 한다면 문제가 생긴 것일 수도 있다.

식욕이 줄어들면

아픈 개에게서 나타나는 확실한 징후는 음식을 마다하는 것이다. 이런 일은 매우 흔치 않으므로 심각한 문제일 수 있다.

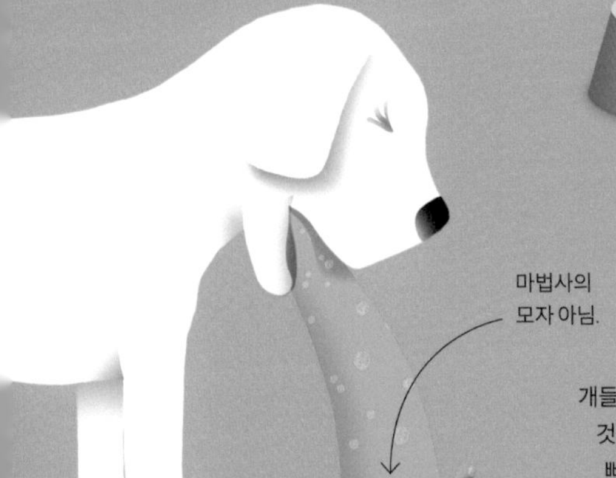
마법사의
모자 아님.

구토를 하면

개들은 산책하다가 특히 안 보이는 곳에서 이상한 것들을 잔뜩 먹기도 한다. 가끔은 그냥 통과해 빠져나가지만 이물질이 들어온 곳으로 다시 나올때도 있다. 개가 반복적으로 구토를 하거나 토사물에 피가 섞여 있다면 위험하다는 신호이다.

평소와 소변 색이 다르면

인간도 물을 많이 먹지 않으면 소변 색이 매우 짙어 보인다는 것을 우리 스스로 알고 있다. 개도 마찬가지이다.

특히 피가 나오는지 유심히 살펴보라.

이것은 시뮬레이션이다.

응가가 달라지면

응가에 물기가 많거나 벌레가 있거나 피가 있는가? 개의 변을 치울 때는 변에 나와서는 안 되는 것이 있는지 살펴보아야 한다. 평소보다 변 보기를 힘들어하는지도 잘 살펴야 한다.

피부와 뼈

겉만 봐서는 속을 모른다는 말이 있지만 개에는 해당되지 않는다. 피부, 털, 뼈 상태를 확인하면 건강에 대해 많은 것을 알 수 있다.

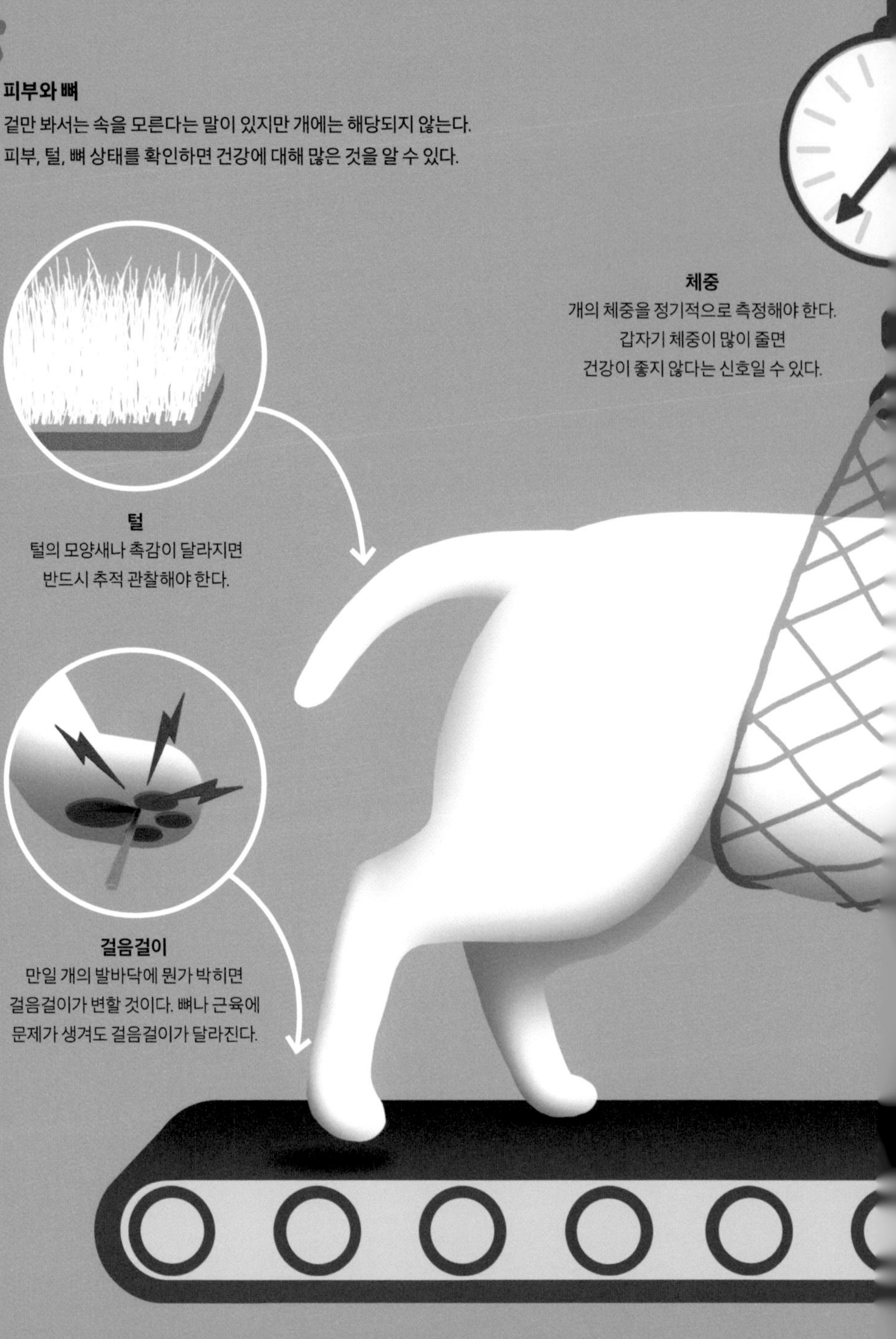

체중

개의 체중을 정기적으로 측정해야 한다. 갑자기 체중이 많이 줄면 건강이 좋지 않다는 신호일 수 있다.

털

털의 모양새나 촉감이 달라지면 반드시 추적 관찰해야 한다.

걸음걸이

만일 개의 발바닥에 뭔가 박히면 걸음걸이가 변할 것이다. 뼈나 근육에 문제가 생겨도 걸음걸이가 달라진다.

눈
흰자위는 흰색이어야 하고 각막(바깥쪽 보호층)은 맑아야 한다. 흰자위와 각막, 또 눈에서 나오는 분비물도 확인하라.
개의 코는 약간 촉촉해야 한다.
피부
개를 안을 때마다 피부에 뭔가 이상한 것이 있는지 확인하면 좋다. 보지 못한 벤 상처가 났거나, 진드기도 와서 붙어 있을 수 있고, 피부가 평소보다 건조할 수도 있다.

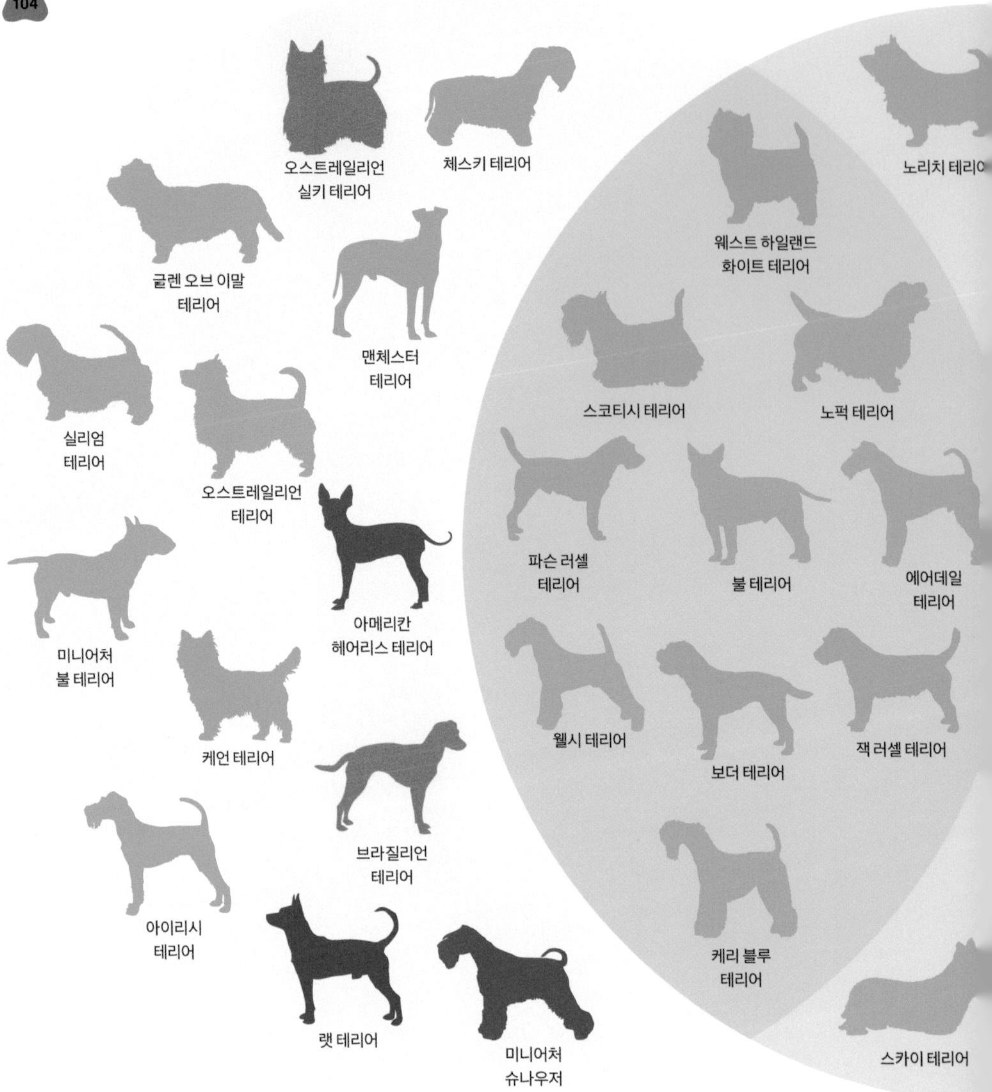

세 가지 유형

테리어 그룹은 사역, 토이, 불(bull), 세 그룹으로 나눌 수 있다. 사역견 테리어들은 본디 사냥개였고, 토이 테리어들은 더 큰 품종을 반려견만큼 작은 사이즈로 교배한 품종이다. 불 테리어들은 불도그와 교배해 생겼으며 다행히 현재 대부분의 국가에서 금지되어 있는 투견이 목적이었던 경우가 많다.

테리어

테리어는 생쥐, 쥐 등 작은 유해동물을 사냥하고 죽이기 위해 교배한 품종이다. 테리어라는 단어의 유래는 땅을 뜻하는 라틴 어 '*Terra*'이다. 테리어는 구멍으로 들어가려는 사냥감을 쫓고 절대 포기하지 않기 때문에 테리어라는 이름은 끈질김을 뜻하게 되었다. 테리어는 강건하고 활력이 넘쳐서 마치 털 달린 포켓 전함(작지만 강한 전함. — 옮긴이) 같다. 혼자서 사냥하도록 교배되었기 때문에 테리어는 충분한 사회화를 거쳐야 다른 개들과 잘 지낼 수 있다.

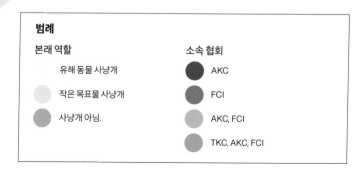

범례

본래 역할
- 유해 동물 사냥개
- 작은 목표물 사냥개
- 사냥개 아님.

소속 협회
- AKC
- FCI
- AKC, FCI
- TKC, AKC, FCI

스태피의 인기

스태퍼드셔 불 테리어는 마마이트(marmite, 이스트 추출물로 만든 스프레드. — 옮긴이) 같은 개의 극적인 예시이다. 매우 사랑받거나, 또는 전혀 사랑받지 않는 양극단을 달린다. 원래는 피를 보는 스포츠를 위해 교배된 품종이므로 무게 대비 근력이 대단히 강하다. 역설적으로 가족의 반려견으로서의 인기도 높다. 외모는 조금 무섭지만 알고 보면 사실 매우 친화적이기 때문이다.

순위

다음 장미 모양 리본은 다른 견종 대비 스태퍼드셔 불 테리어의 인기를 나타낸다. 스태퍼드셔 불 테리어의 순위는 중간이 없다. 최고의 자리 아니면 저 아래 등수뿐이다.

댄디 딘몬트 테리어

댄디 딘몬트 테리어는 모든 견종 중에서도 최고의 이름을 가진 축에 속한다. 이름의 유래는 1815년에 출판된 월터 스콧(Walter Scott)의 소설 『점성술사』의 등장 인물이다. 댄디 딘몬트는 웨이벌리 소설 중 두 번째 책인 이 밀수꾼 이야기에 나오는 농부이다.

폭스 테리어

스무스 폭스 테리어, 와이어 헤어드 폭스 테리어 두 종 모두 20세기 전반에는 매우 인기가 높았다. 하지만 최근 들어 인기가 떨어졌다. 분명한 이유는 없지만 아마도 모든 반려 가족이 감당하기에는 워낙 기운이 넘치기 때문인 것 같다.

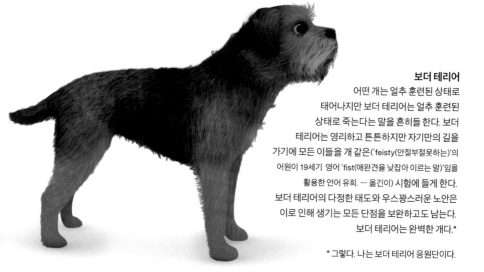

보더 테리어

어떤 개는 얼추 훈련된 상태로 태어나지만 보더 테리어는 얼추 훈련된 상태로 죽는다는 말을 흔히들 한다. 보더 테리어는 영리하고 튼튼하지만 자기만의 길을 가기에 모든 이들을 개 같은('feisty(안절부절못하는)'의 어원이 19세기 영어 'fist(애완견을 낮잡아 이르는 말)'임을 활용한 언어 유희. ― 옮긴이) 시험에 들게 한다. 보더 테리어의 다정한 태도와 우스꽝스러운 노안은 이로 인해 생기는 모든 단점을 보완하고도 남는다. 보더 테리어는 완벽한 개다.*

* 그렇다. 나는 보더 테리어 응원단이다.

코커 '푸들' 두

혼종 교배는 서로 다른 두 순종에게서 원하는 형질을 조합하기 위해 처음 이루어졌다. 처음에는 작업 목적으로만 혼종 교배를 했지만 지금은 미적인 이유나 개를 기르고 싶어하는 사람의 건강을 고려해, 예컨대 알레르기 환자를 위해 개의 털이 안 빠지도록 혼종 교배를 한다. 모든 순종으로 혼종 교배를 할 수 있지만 자연적으로 시도하기에는 신체적 제한이 따른다.

혼종이란 무엇인가?

AB 종의 혼종은 항상 똑같이 나오지 않는다. 심지어 한 배 새끼들도 모두 다를 수 있고, 결과를 예측할 수 없다. 혼종 교배는 재료를 계량하면 일정한 결과물이 나오는 케이크 만들기처럼 간단하지 않다. 자손들의 외모와 행동 측면에서는 어떤 품종이 수컷이고, 어떤 품종이 암컷인지는 상관이 없어야 하겠으나, 대개 출산 시의 문제를 방지하기 위해 더 작은 품종의 수컷과 혼종 교배를 한다.

순종

순종으로 분류되기 위해 자손견은 부모견에게서 기대되는 특징들을 항상 보여야 한다. 자손견은 견종 표준에 맞아야 한다.

수컷 견종 A + 암컷 견종 A = 견종 A

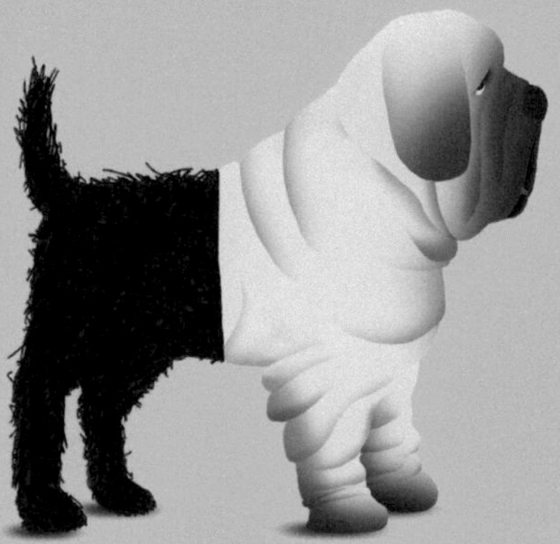

혼종 교배한 개가 순종이 되는 경우

이 과정에는 긴 시간이 걸리는데, 혼종이 별개의 새 품종이 될 때까지 상당 기간 동안 견종 표준을 확립, 기록해야 하기 때문이다.

수컷 혼종 AB + 암컷 혼종 AB = 견종 AB

복잡한 혼종

만일 혼종이 둘 이상의 순종이 섞인 결과라면 상황은 더 복잡해진다! 극단적인 사례로 블랙 러시안 테리어가 있다. 블랙 러시안 테리어는 1950년대에 소련의 레드 스타 케널(Red Star Kennel, 129쪽 참고)에서 17종에 달하는 다양한 품종을 교배해 만들었으며 지금은 공인된 견종이다.

수컷 혼종 ABC + 암컷 혼종 DEF = 견종 ABCDEF?

역사적 혼종견들

최초의 혼종견 중 하나는 러처(Lurcher)로, 그 역사는 14세기 영국으로 거슬러 올라간다. 당시 평민들은 순종 사냥개를 소유할 수 없었지만 밀렵꾼들은 자기 개와 귀족의 그레이하운드를 교배하곤 했다. 러처는 아직 순종으로 공인받지 못했다.

러처

러처는 16종류가 존재하는 시각 하운드와 주로 테리어 등 다른 개의 혼종으로, 속도와 끈질김을 겸비했다.

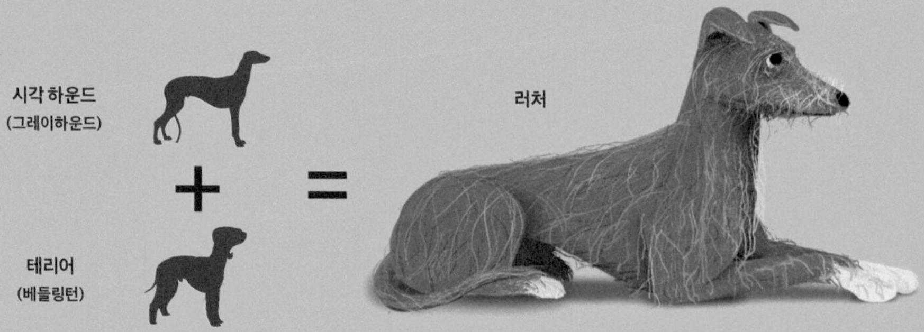

인기 있는 혼종견들

소셜 미디어의 폭발로 인해 특정 혼종견이 인기를 얻는 속도 또한 기하급수적으로 빨라졌다. 메가 셀러브리티 하나가 레드 카펫에 등장하기만 해도 새로운 혼종견이 이 달의 반짝 스타가 된다.

몰시

푸들과의 교배종이 아닌 견종 중 아마 가장 인기가 높을 듯한 몰티즈-시추 혼종견은 몰시라고도 불린다. 몰시는 털이 덜 빠진다.

도베르만

독일의 세금 징수관 카를 프리드리히 루이스 도베르만(Karl Friedrich Louis Dobermann)은 개 보호소도 운영했다. 그는 자신의 본업을 보조할 충성스럽고 강인하고 영리하고 무서운 개를 갖고 싶어 했다. 얼마 지나지 않아 도베르만 종을 만들 수 있었고, 도베르만은 1908년에 제일 처음 순종으로 공인받았다.

래브라두들

래브라도 레트리버와 푸들의 교배종은 알레르기가 있고 온화한 개를 기르고 싶은 사람들 사이에서 인기가 높다. 푸들은 털이 적게 빠지고 래브라도는 성격이 좋기로 잘 알려져 있다. 1950년에 처음 등장한 래브라두들은 1980년대 후반에 오스트레일리아에서 대중화되었다.

머리 모양

안 좋은 날씨 따위는 없다. 안 좋은 옷이 있을 뿐이다. 개를 위해 옷을 사 줄 수 있지만 개에게 옷이 정말 필요한 것은 아니다. 왜냐하면 개들은 이미 최고의 옷을 갖고 있기 때문이다. 개의 털은 겨울에는 따뜻하게, 여름에는 시원하게 해 주고 이런저런 위험 요소로부터 개들을 보호한다. 당연히 우리 인간들은 참견하기를 무척 좋아한다. 가장 상징적인 헤어 중 일부를 골라 소개한다. 여기 실린 예시들은 모두 도그쇼 참가용 쇼 컷(show cut)이다.

푸들

어느 쇼에서나 가장 독특하고 눈에 띄는 이 헤어 스타일 때문에 푸들은 특유의 분위기를 풍기고 또 과도한 애정과 보살핌을 받는 개라는 오해를 종종 사곤 한다. 하지만 이 스타일은 작업의 실용성에서 비롯한 것이다. 맨 엉덩이와 맨다리 덕에 자유롭게 헤엄칠 수 있는 한편 풍성한 털이 이 물새 사냥개(water dog)를 따뜻하게 지켜 주고 물에 잘 뜨게 돕는다.

스코티시 테리어

이 테리어의 실루엣은 매우 특징적인데 주로 두상 때문이다. 스코티(Scottie)는 모노폴리 게임에 나오는 개의 토대가 된 품종이다. 1900년대 초에는 네모난 '턱수염'이, 20세기 중반에는 바닥까지 내려오는 긴 털이 유행했다.

아이리시 세터

털 색 때문에 레드 세터(Red Setter)라고도 자주 불리는 아이리시 세터는 털의 빛깔과 윤기, 또 털을 자르는 모양새 때문에 멀리서도 쉽게 눈에 띈다. 머리와 앞다리 털은 짧게, 나머지 부분은 길고 풍성하게 남긴다. 아이리시 세터의 털은 워낙 부드럽고 길어서 엉킴 방지를 위해서는 주기적으로 솔로 빗어야 한다. 빗질은 적어도 1주일에 3회 이상 해야 한다.

페키니즈

털 아래에 숨겨진 페키니즈가 대체 어떤 모습일지 확실히 아는 사람은 딱히 없는 것 같다. 털로 정의할 수 있는 개가 만약 있다면 바로 페키니즈일 것이다. 키는 자그마해도 헤어스타일을 뽐내며 걷기는 최정상급인 페키니즈는 다리 달린 털가죽 그 자체이다. 다리는 보이지 않지만.

시추

화려한 이중모와 올려 묶은 머리 스타일의 시추는 어디를 가나 사람들의 눈길을 끈다. 이 긴 헤어 스타일은 주기적 관리를 요한다. 하루에 한 번 이상 솔질이 필요하다. 도그 쇼 경기장 밖에서는 훨씬 짧고 관리하기 쉽도록 털을 자른 시추들을 볼 수 있는데, 그렇게 털을 자른 모습은 또 완전히 다른 개 같다.

얼룩이를 찾아라

털에 얼룩이 있는 견종은 상당히 많은데 그중 셋만 꼽자면 코커 스패니얼, 스프링어 스패니얼, 보더 콜리가 있다. 털에 얼룩이 있는 견종은 20종도 넘지만 특히 얼룩무늬로 잘 알려진 견종을 딱 하나만 꼽자면 단연 달마티안이다.

오늘날의 크로아티아 연안에 위치한 좁고 긴 달마티아 지방이 원산지인 달마티안은 어떤 견종보다도 눈에 띄는 털을 지녔다. 디즈니 영화「101마리의 달마시안 개」덕분에 세계적으로 유명해진 이 근사한 견종을 TKC와 AKC는 실용견/비조렵견으로 분류하고, FCI는 후각 하운드로 분류한다.

이름 변천사

달마티안은 그들이 수 세기 동안 맡아 온 일과 관련된 다양한 이름으로도 알려져 있다. 오랫동안 마차를 끄는 말을 호위했기에 달마티안은 마차(carriage) 개 또는 점박이 마차(coach) 개로 불렸었다. 미국에서는 말이 끄는 소방차를 대상으로 비슷한 임무를 수행했기에 소방서 개라는 별명을 얻었다.

미국에서 달마티안은 버드와이저 맥주와도 인연이 깊다. 미국 전역을 누비던 버드와이저 맥주 마차를 달마티안이 지켰기 때문이다.

독특한 반점

갓난 달마티안 강아지는 온몸이 완전히 흰색이고 약 3주가 지나서야 얼룩이 나타난다. 얼룩은 둥근 모양이어야 하고 점박이 무늬가 서로 겹치지 않는 경우 가장 높은 평가를 받는다. 달마티안의 얼룩무늬는 보기에도 엄청나게 눈에 띌 뿐만 아니라 지문처럼 개체 고유의 특성이다! 바로 이 때문에 너무나 잡아내기 쉬운 달마티안이 범죄 현장에 사용되는 사례는 거의 없다.

다른 무늬들

달마티안 특유의 얼룩무늬 털이 제일 잘 알려졌지만 다른 스타일의 무늬도 있다.

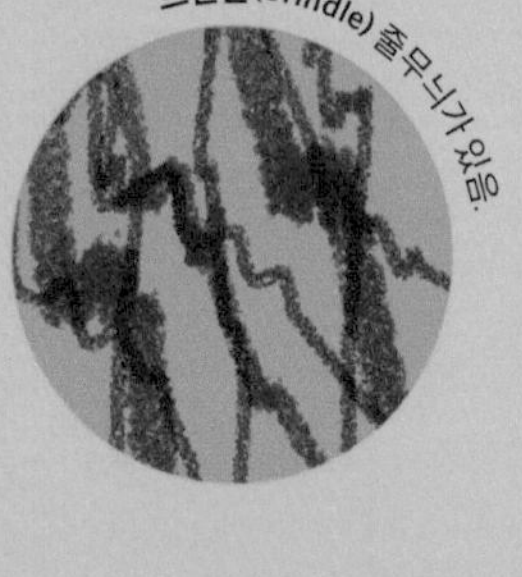
브린들(brindle) 줄무늬가 있음.

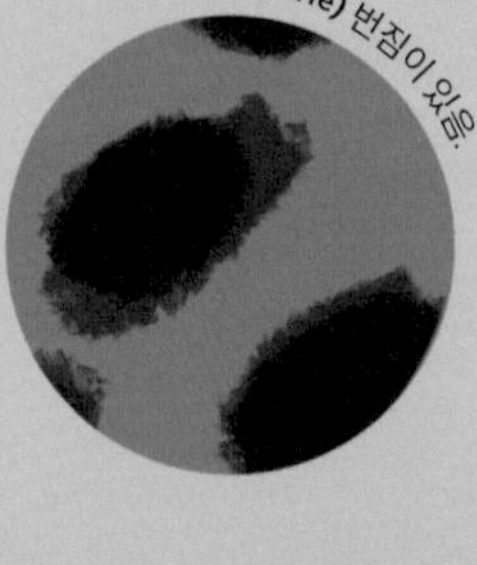
멀(merle) 번짐이 있음.

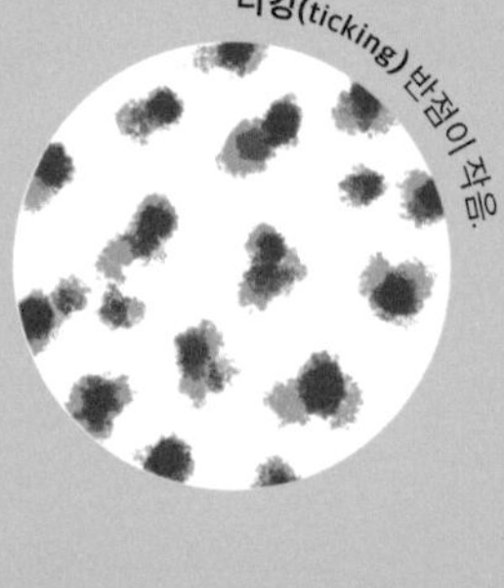
티킹(ticking) 반점이 작음.

거기에도 얼룩이?
달마티안은 온몸에 얼룩이 있다. 심지어 입 안에서도 얼룩을 찾아볼 수 있다!

슈퍼 도그

혼종 교배는 개 두 마리에서 가장 좋은 요소들을 뽑아 더 뛰어난 개 한 마리로 조합하려는 과정이다. 하지만 거기서 더 나아가 여러 견종에서 최고의 특징들만 뽑아 슈퍼 도그 한 마리에 조합하면 어떻게 될까? 슈퍼 도그는 어떤 모습일까?

성격: 래브라도 레트리버

ATTS(The American Temperament Test Society, 미국 기질 검사 학회)는 개의 안정성(constancy), 두려움, 반항심, 친화력은 물론 주인을 보호하려는 본능 등을 고려해 연구를 수행한다.

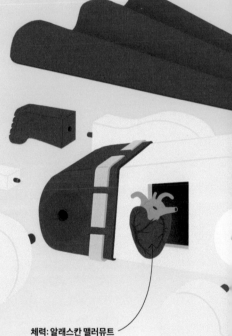

속도: 그레이하운드

시속 70킬로미터보다 더 빠르게 달릴 수 있는 그레이하운드가 가장 빠른 개이다. 그 정도면 단 1초에 30미터를 달릴 수 있는 속도이다.

체력: 알래스칸 맬러뮤트

당연하게도 가장 회복력이 뛰어난 개들은 사역견에 속하며 특히 냉혹한 환경에서 무거운 짐을 끌도록 교배된 품종들이다.

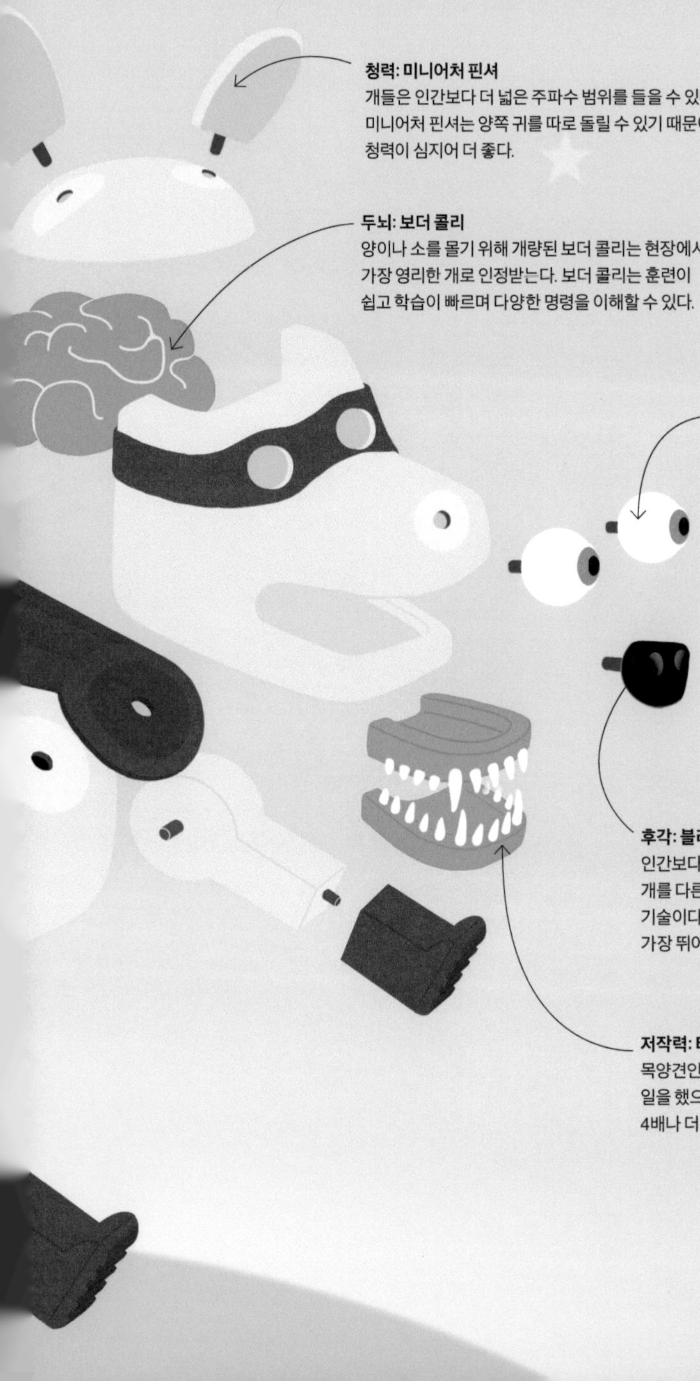

청력: 미니어처 핀셔

개들은 인간보다 더 넓은 주파수 범위를 들을 수 있다. 미니어처 핀셔는 양쪽 귀를 따로 돌릴 수 있기 때문에 청력이 심지어 더 좋다.

두뇌: 보더 콜리

양이나 소를 몰기 위해 개량된 보더 콜리는 현장에서 가장 영리한 개로 인정받는다. 보더 콜리는 훈련이 쉽고 학습이 빠르며 다양한 명령을 이해할 수 있다.

시력: 휘핏

시각 하운드는 후각보다는 시각으로 사냥을 한다. 그들의 눈에 비밀이 숨어 있다. 시각 하운드의 망막에는 다른 개보다 더 민감한 시각 세포가 줄지어 늘어서 있다. 덕분에 주변 시야가 더 선명해져서 움직임을 더 정확하게 감지할 수 있다.

후각: 블러드하운드

인간보다 최소 100배 뛰어난 후각은 개를 다른 동물과 구별하는 특별한 기술이다. 블러드하운드는 개 중에서도 가장 뛰어난 코를 갖고 있다.

저작력: 터키시 캉갈

목양견인 터키시 캉갈은 가축을 지키는 일을 했으며 무는 힘은 보통 사람보다 4배나 더 강하다.

중요한 누락 사항

목양견 품종 등 분명히 사역견인 견종 중 일부가 사역견 그룹에서 빠져 있음은 주목할 만하다. 목양견(herding breeds)들은 목양견 그룹(Pastoral group)에 속한다.

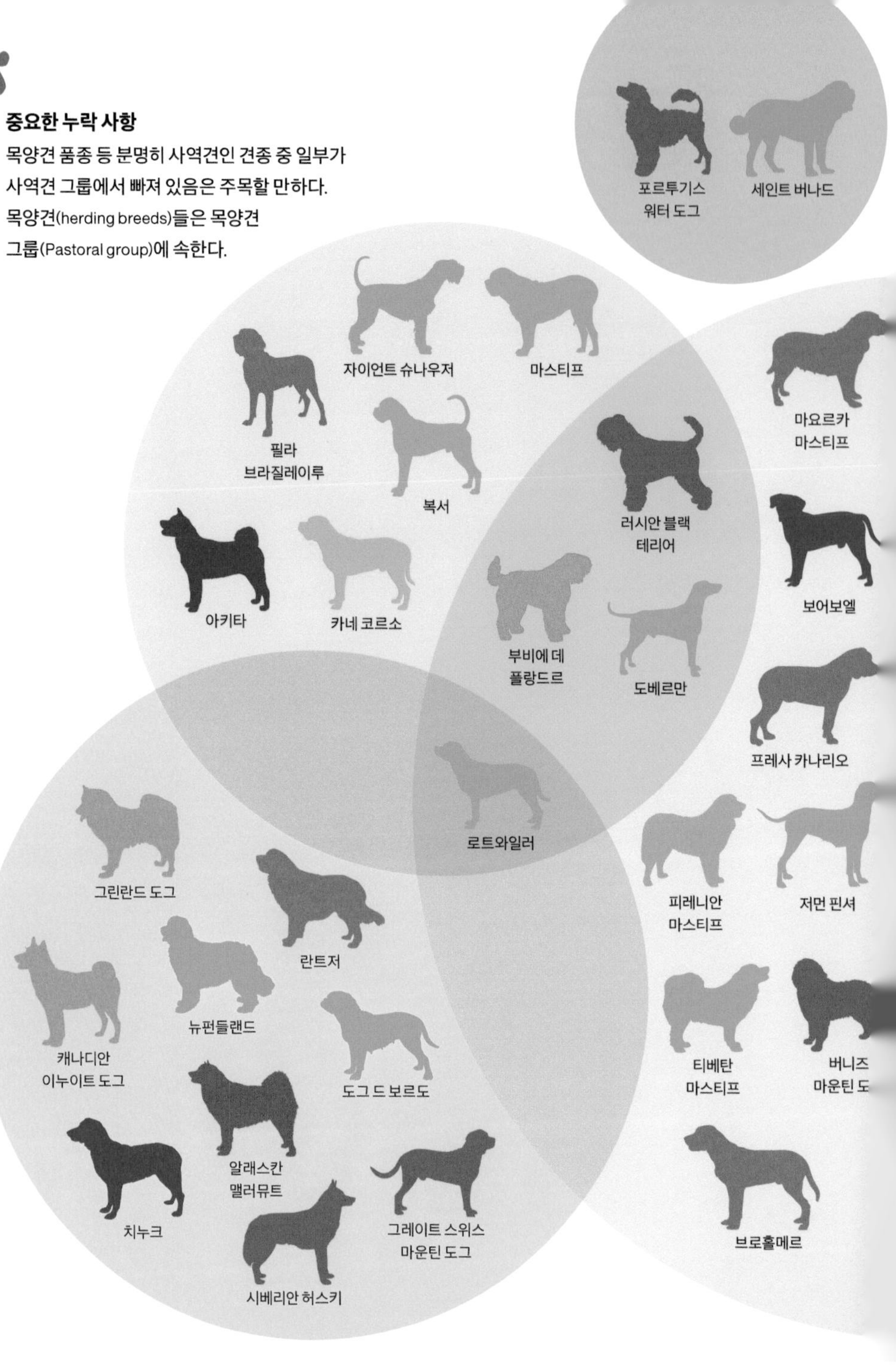

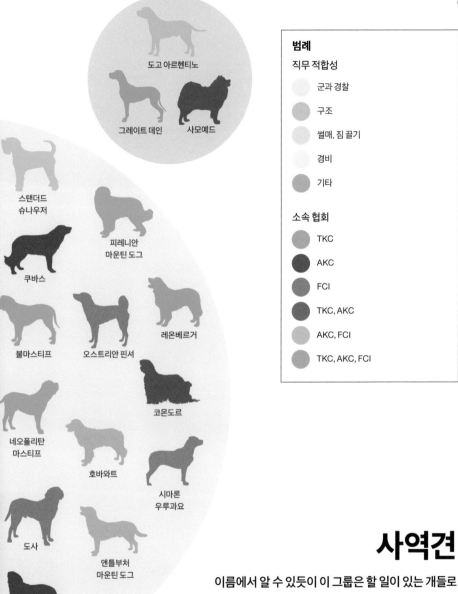

범례

직무 적합성

- 군과 경찰
- 구조
- 썰매, 짐 끌기
- 경비
- 기타

소속 협회

- TKC
- AKC
- FCI
- TKC, AKC
- AKC, FCI
- TKC, AKC, FCI

사역견

이름에서 알 수 있듯이 이 그룹은 할 일이 있는 개들로 구성되어 있다. 이 그룹 소속 개들을 반려동물로 간주할 수 없다는 뜻은 아니다. 하지만 사역견 품종의 원조 견종 표준은 그들이 수행해야 하는 작업 특유의 요건에 뿌리를 두고 있다.

사역견의 몸집

현재 사역견 그룹에 속하는 모든 개는 몸집이 크거나 중간 정도이며 대개 대형견이다. 튼튼하고 근육질인 사역견은 훈련을 잘 받아들이고 집중력도 우수하다. 대부분의 군견과 경찰견을 비롯해 경비견, 썰매개처럼 무거운 짐을 끄는 견종들도 사역견 그룹에 속한다.

이 그룹에 속한 대부분의 견종은 대형 내지 초대형견이고, 몸집 때문에라도 '위험'하다고 간주되는 대부분의 개들이 이 그룹 출신이라는 점은 딱히 놀랍지 않다. 개는 그 자체로 위험하지는 않으나 학대당하거나, 훈련을 못 받았거나, 훈련을 잘못 받으면 위험할 수도 있다. 그리고 개의 몸집이 크면 위험 또한 치명적인 수준에 이를 수 있다. 바로 이 때문에 여러 나라에서 사역견 그룹에 속하는 많은 개들을 금지하고 있다.

복서

복서는 두 번의 세계 대전 동안 양쪽 편에서 전 세계적으로 사용되었지만 널리 보급된 것은 제2차 세계 대전 이후이다. 군인들이 전쟁이 끝난 후 복서를 고향으로 데려와 반려견으로 길렀기 때문이기도 하다.

블랙 러시안 테리어

블랙 러시안 테리어는 (구)소련의 레드 스타 케널(129쪽 참고)에서 만들어졌다. 알 수 없는 혈통의 개에게 붙은 별칭이 하인츠 57이었던 반면, 이 품종은 고작 견종 17가지가 투입된 결과물이었던 것으로 보인다.

로트와일러 대 도베르만

알리 대 프레이저, 고질라 대 킹콩, 톰 대 제리. 우리 눈길이 닿는 곳마다 세기의 대결은 존재하는데, 로트와일러와 도베르만도 마찬가지다. 물론 진짜 개싸움이 아니라 그냥 인기 대결에서 말이다.

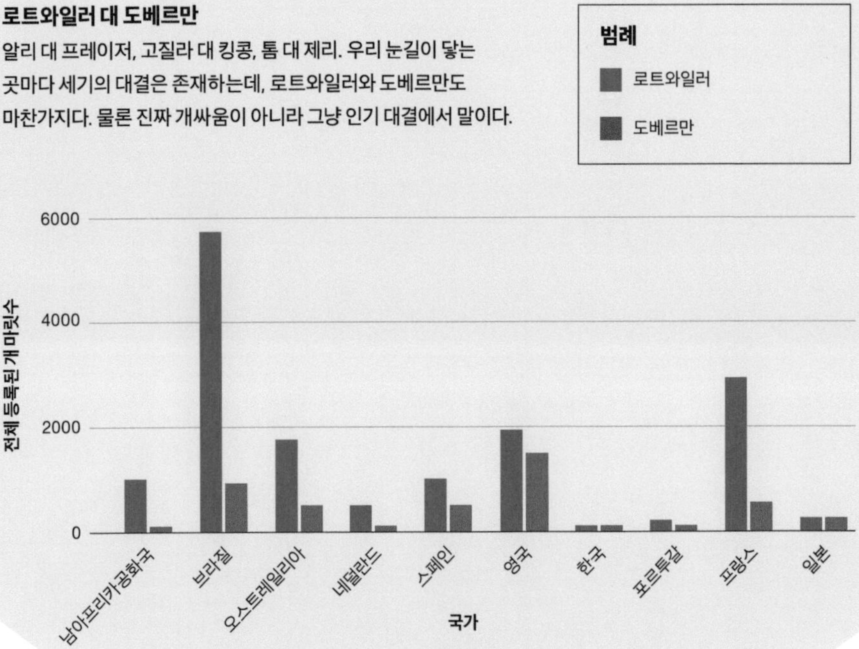

도그 드 보르도

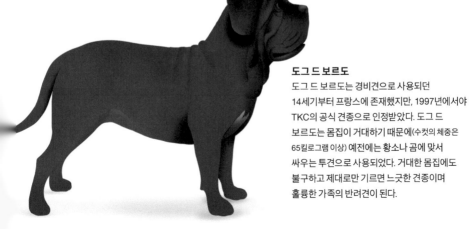

도그 드 보르도는 경비견으로 사용되던 14세기부터 프랑스에 존재했지만, 1997년에서야 TKC의 공식 견종으로 인정받았다. 도그 드 보르도는 몸집이 거대하기 때문에(수컷의 체중은 65킬로그램 이상) 예전에는 황소나 곰에 맞서 싸우는 투견으로 사용되었다. 거대한 몸집에도 불구하고 제대로만 기르면 느긋한 견종이며 훌륭한 가족의 반려견이 된다.

영화 속의 개

2001년에 오티스(Otis)는 영화「결혼기념일에 생긴 일」로 칸 영화제에서 견공 종려상을 수상했다. 칸 영화제 본상 이름의 언어유희인 견공 종려상은 최고의 연기를 보여 준 개에게 돌아간다. 최초의 스타견 진(Jean)이 1910년부터 1915년까지 영화 25편에 출연한 이래로 개에 대한 이야기가 보편화되었다. 멍멍이들은 종종 인간에게 돌아갈 관심을 가로채 간다. 고로 W. C 필즈(W. C. Fields)는 이런 조언을 남긴다. "동물이나 아이들과는 절대 같이 작업하지 마라."

범례

다음 기준으로 스크린 속 개의 매력도를 5점 만점인 별점으로 표시했다.

★ **유명세**
얼마나 널리 알려진 개인지

★ **영웅 정신**
개가 행한 영웅적 행위에 표해지는 경의

★ **영화**
스타견이나 캐릭터가 등장한 영화 편 수

★ **인지도**
개의 이름을 즉각 인지할 수 있는지

★ **스타성**
개의 매력과 흡인력의 척도

러프 콜리

래시

영국의 소설가 에릭 나이트(Eric Knight)가 지은 요크셔를 배경으로 한 소설『돌아온 래시』는 1940년에 출판되었다. 독자는 래시(Lassie)가 팔려간 후 주인인 어린 조 캐라크로를 찾으려 애쓰는 여정을 함께 한다.『돌아온 래시』는 나이트가 래시에 대해 쓴 유일한 책이지만 래시 이야기가 10편 이상의 영화, 장기 방영 TV 시리즈, 여러 애니메이션 시리즈로 만들어진 덕분에 콜리는 전 세계에서 누구나 아는 이름이 되었다.

유명세	★★★★★
영웅 정신	★★★★★
영화	★★★★★
인지도	★★★☆☆
스타성	★★★★☆

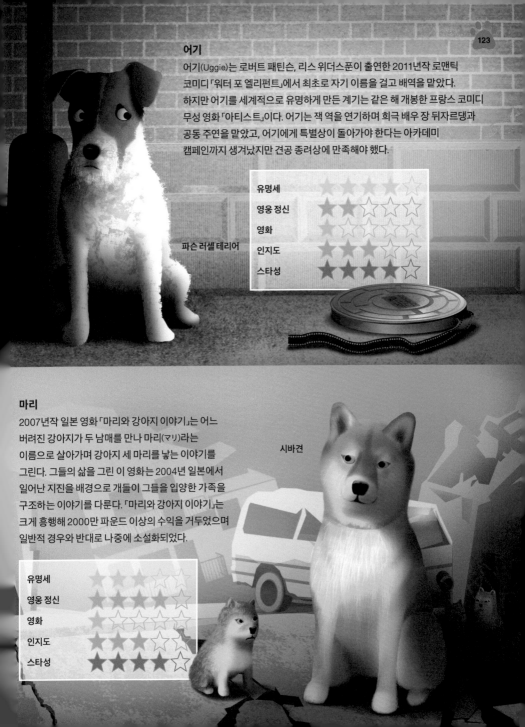

어기

어기(Uggie)는 로버트 패틴슨, 리스 위더스푼이 출연한 2011년작 로맨틱 코미디 「워터 포 엘리펀트」에서 최초로 자기 이름을 걸고 배역을 맡았다. 하지만 어기를 세계적으로 유명하게 만든 계기는 같은 해 개봉한 프랑스 코미디 무성 영화 「아티스트」이다. 어기는 잭 역을 연기하며 희극 배우 장 뒤자르댕과 공동 주연을 맡았고, 어기에게 특별상이 돌아가야 한다는 아카데미 캠페인까지 생겨났지만 견공 종려상에 만족해야 했다.

유명세	★★★★☆
영웅 정신	★★☆☆☆
영화	★☆☆☆☆
인지도	★★★☆☆
스타성	★★★★☆

파슨 러셀 테리어

마리

2007년작 일본 영화 「마리와 강아지 이야기」는 어느 버려진 강아지가 두 남매를 만나 마리(マリ)라는 이름으로 살아가며 강아지 세 마리를 낳는 이야기를 그린다. 그들의 삶을 그린 이 영화는 2004년 일본에서 일어난 지진을 배경으로 개들이 그들을 입양한 가족을 구조하는 이야기를 다룬다. 「마리와 강아지 이야기」는 크게 흥행해 2000만 파운드 이상의 수익을 거두었으며 일반적 경우와 반대로 나중에 소설화되었다.

시바견

유명세	★★★☆☆
영웅 정신	★★★★☆
영화	★☆☆☆☆
인지도	★★★☆☆
스타성	★★★★☆

유명세	★★★☆☆
영웅 정신	★★★☆☆
영화	★★☆☆☆
인지도	★★☆☆☆
스타성	★★★★☆

마스티프와
래브라도 레트리버
혼종

스파이크

많은 영화를 남기지는 않았지만 스파이크(Spike)는 1957년작 할리우드 영화 제목과 이름이 같은 충직한 개 올드 옐러(Old Yeller)라는 상징적 역할을 연기했다. 「올드 옐러」는 애견가를 위한 고전이자 눈물 없이는 절대 볼 수 없는 영화이다. 구조견인 스파이크는 원래 래시 역할을 맡았던 팰(Pal)을 훈련한 것으로 유명한 프랭크 웨더왝스(Frank Weatherwax)에게 훈련을 받았다.

벅

미국 작가 잭 런던(Jack London)의 1903년작 『야성의 부름』은 1890년대 캐나다 클론다이크 골드러시를 배경으로 벅(Buck)의 여정을 그린 소설이다. 살아남기 위해 벅은 길든 동물의 태도를 내려놓고 자신의 더 원시적인 본능을 재발견해야 했다. 소설 『야성의 부름』은 크고 작은 스크린을 위해 각색되었으며 1923년에 최초로, 또 최근에는 2020년에 영화화되었다. 런던의 『하얀 엄니』는 『야성의 부름』과 반대로 야생의 늑대개가 문명의 길에 접어드는 여정을 그린다.

세인트 버나드와
스코치 셰퍼드 혼종

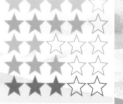

유명세	★★★★☆
영웅 정신	★★★★☆
영화	★★☆☆☆
인지도	★★★☆☆
스타성	★★★☆☆

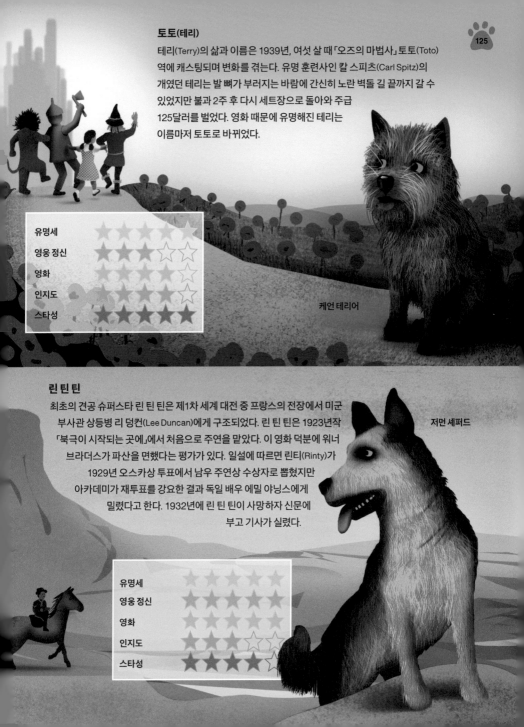

토토(테리)

테리(Terry)의 삶과 이름은 1939년, 여섯 살 때「오즈의 마법사」토토(Toto) 역에 캐스팅되며 변화를 겪는다. 유명 훈련사인 칼 스피츠(Carl Spitz)의 개였던 테리는 발 뼈가 부러지는 바람에 간신히 노란 벽돌 길 끝까지 갈 수 있었지만 불과 2주 후 다시 세트장으로 돌아와 주급 125달러를 벌었다. 영화 때문에 유명해진 테리는 이름마저 토토로 바뀌었다.

케언 테리어

유명세	★★★★★
영웅 정신	★★★☆☆
영화	★★★★☆
인지도	★★★★☆
스타성	★★★★★

린 틴 틴

최초의 견공 슈퍼스타 린 틴 틴은 제1차 세계 대전 중 프랑스의 전장에서 미군 부사관 상등병 리 덩컨(Lee Duncan)에게 구조되었다. 린 틴 틴은 1923년작「북극이 시작되는 곳에」에서 처음으로 주연을 맡았다. 이 영화 덕분에 워너 브라더스가 파산을 면했다는 평가가 있다. 일설에 따르면 린티(Rinty)가 1929년 오스카상 투표에서 남우 주연상 수상자로 뽑혔지만 아카데미가 재투표를 강요한 결과 독일 배우 에밀 야닝스에게 밀렸다고 한다. 1932년에 린 틴 틴이 사망하자 신문에 부고 기사가 실렸다.

저먼 셰퍼드

유명세	★★★★★
영웅 정신	★★★★★
영화	★★★★★
인지도	★★★☆☆
스타성	★★★★☆

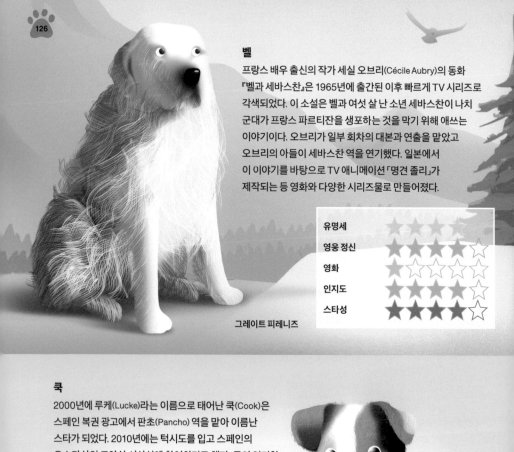

그레이트 피레니즈

벨

프랑스 배우 출신의 작가 세실 오브리(Cécile Aubry)의 동화 『벨과 세바스찬』은 1965년에 출간된 이후 빠르게 TV 시리즈로 각색되었다. 이 소설은 벨과 여섯 살 난 소년 세바스찬이 나치 군대가 프랑스 파르티잔을 생포하는 것을 막기 위해 애쓰는 이야기이다. 오브리가 일부 회차의 대본과 연출을 맡았고 오브리의 아들이 세바스찬 역을 연기했다. 일본에서 이 이야기를 바탕으로 TV 애니메이션 「명견 졸리」가 제작되는 등 영화와 다양한 시리즈물로 만들어졌다.

유명세	★★★★
영웅 정신	★★★★☆
영화	★☆☆☆☆
인지도	★★★★☆
스타성	★★★★☆

쿡

2000년에 루케(Lucke)라는 이름으로 태어난 쿡(Cook)은 스페인 복권 광고에서 판초(Pancho) 역을 맡아 이름난 스타가 되었다. 2010년에는 턱시도를 입고 스페인의 오스카상인 고야상 시상식에 참여하기도 했다. 쿡이 연기한 판초 캐릭터는 너무 인기가 많아서 그를 위한 특별한 영화도 제작되었다. 복권에 당첨된 강아지 이야기인 「백만장자 강아지 판초의 모험」은 2014년에 개봉되었다.

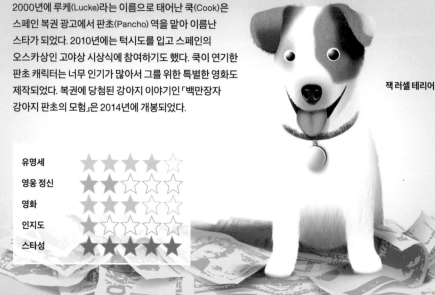

잭 러셀 테리어

유명세	★★★★☆
영웅 정신	★★☆☆☆
영화	★★★☆☆
인지도	★☆☆☆☆
스타성	★★★★★

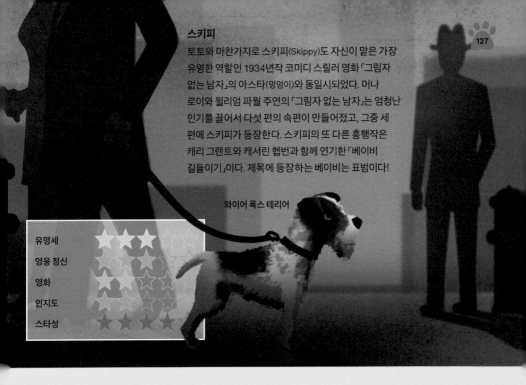

스키피

토토와 마찬가지로 스키피(Skippy)도 자신이 맡은 가장 유명한 역할인 1934년작 코미디 스릴러 영화 「그림자 없는 남자」의 아스타(멍멍이)와 동일시되었다. 머나 로이와 윌리엄 파월 주연의 「그림자 없는 남자」는 엄청난 인기를 끌어서 다섯 편의 속편이 만들어졌고, 그중 세 편에 스키피가 등장한다. 스키피의 또 다른 흥행작은 캐리 그랜트와 캐서린 헵번과 함께 연기한 「베이비 길들이기」이다. 제목에 등장하는 베이비는 표범이다!

와이어 폭스 테리어

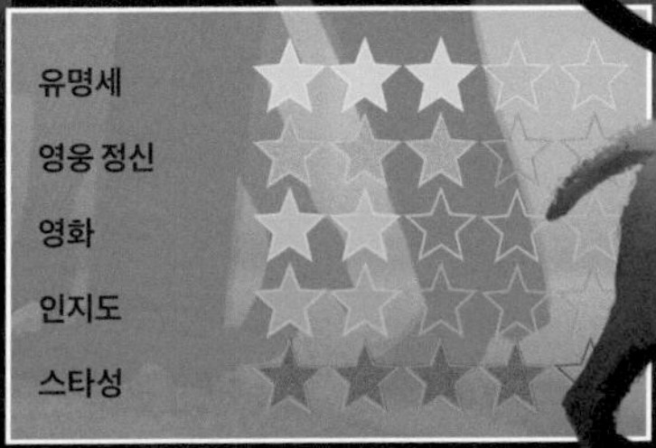

최고의 견공

우승자를 가릴 수 없었기에 사진 판독 결과 최고의 자리에 올라 마땅한 린 틴 틴과 래시에게 공동 금상이 수여되었다. 동상을 받기 위해 옐로 카펫을 걸어오실 분은 토토이다.

그리고 아무도 없었다

치마 길이, 머리 모양, 음악과 마찬가지로 견종도 유행을 탄다. 혈통견의 출산은 인간이 통제하므로 단순히 더는 유행이 아니라는 이유로 견종이 멸종할 수도 있다.

세계 각지의 케널 클럽들은 견종이 멸종할 가능성을 매우 잘 파악하고 있으며 등록된 개 마릿수가 위태로울 정도로 낮은, 취약한 품종 목록도 보유하고 있다. 심지어 크러프츠(138쪽 참고)에는 인식 제고 목적으로 취약한 품종을 위한 특별 시상 부문도 있지만 이러한 조치조차 이미 너무 늦어버린 몇몇 품종에 대해 알아보자.

알파인 스패니얼

알파인 스패니얼이 세인트 버나드와 같은 계보에 속한다는 점은 그리 놀랍지 않다. 알파인 스패니얼은 악천후에 길을 잃은 등산객들을 찾기 위해 알프스의 수도원에서 관리하던 품종이다. 짝을 지어 일하면서 알파인 스패니얼은 곤경에 처한 사람들을 찾아내고 구조대가 조난당한 이들을 구출하도록 인도한다. 알파인 스패니

알파인 스패니얼

턴스피트 도그

얼이 수행한 위험한 작업 때문에 품종 자체가 위기에 처하게 되었다. 19세기 중반 무렵 알파인 스패니얼은 결국 멸종하는데, 지역에 번진 질병 때문이었다. 알파인 스패니얼의 계보는 알프스의 고개 이름을 따서 이름 지어진 세인트 버나드, 클럼버 스패니얼 안에 지금도 살아 있다. 클럼버 스패니얼은 알파인 스패니얼과 바셋 하운드의 혼종이다.

턴스피트 도그

현대의 케널 클럽에서는 턴스피트 도그를 어떻게 분류할까? 분명히 사역견으로 분류할 것이다. 부엌의 쳇바퀴에서 꼬치에 꿴 고기를 굽는 일을 맡았기 때문이다. 이보다 더 특수하고 한정적인 역할을 생각해 내기도 어려운 만큼, 이 품종이 현재 멸종되었다는 것도 딱히 놀랍지 않다. 절정기였던 1800년대 중반 턴스피트 도그들은 쥐 우리에 있는 쳇바퀴와 딱히 다르지 않은 바퀴에서 시간을 보냈다. 활활 타는 불 앞에 놓인 꼬치 구이에 바퀴를 달고, 개가 수고한 덕분에 고기가 확실히 고르게 익을 수 있었다.

모스크바 워터 도그

군용견을 공급하기 위해 설립한 (구)소련의 국영 기관인 레드 스타 케널은 다양한 양치기 개로부터 모스크바 워터 도그를 교배했다. 모스크바 워터 도그에게 기대된 직무는 물에 빠진 요원 구조였다. 안타깝게도 그 직무에 적합하지 않았고, 구해야 할 사람들을 공격하는 쪽을 선호했다. 모스크바 워터 도그는 공식 견종으로 인정받기 전에 개발이 중단되었다.

모스크바 워터 도그

브라질리언 트래커

브라질리언 트래커 또는 라스트레도르 브라질레이루는 1967년에서야 FCI의 인정을 받았는데, 얼마 지나지 않아 질병으로 많은 개체가 사망했고 그 정도가 너무나 심각해서 6년 후 품종의 멸종이 선언될 정도였다. 브라질리언 트래커는 후각을 활용하는 사냥개였다. 이후 품종 복원을 위해 설립된 단체에서 노력을 기울인 결과는 성공적이었고 2013년, 브라질 케널 클럽은 브라질리언 트래커를 다시 현존하는 품종으로 인정했다.

잉글리시 워터 스패니얼

잉글리시 워터 스패니얼은 셰익스피어 시대에도 존재했으며 「베로나의 두 신사」(1590년경)에도 언급된 바 있다. "그녀는 오리 사냥개(워터 스패니얼)보다 훨씬 재주가 좋아. 모자란 기독교인보다는 훨씬 능력이 있어." 잉글리시 워터 스패니얼은 사냥개였고 1930년대에 마지막으로 목격되었다.

다른 오리 사냥개 품종들, 특히 래브라도 레트리버의 인기가 높아지며 영리한 잉글리시 워터 스패니엘 종은 서서히 사라지기 시작했다. 하지만 여전히 잉글리시 스프링어 스패니얼과 웰시 스프링어 스패니얼에 잉글리시 워터 스패니얼의 반향이 남아 있다.

올드 잉글리시 불도그

존 스콧(John Scott)이 판화로 만든 에이브러햄 쿠퍼(Abraham Cooper)의 그림 「크립과 로사(Crib and Rosa)」는 불 베이팅을 위해 특별히 개발된 품종인 올드 잉글리시 불도그(Old English Bulldog)의 모습을 보존하고 있다. 1835년 영국에서는 동물 학대 금지법이 통과되었다. 법의 목적은 동물들을 학대로부터 보호하는 것이었다. 동물 학대 금지법은 구체적으로 동물

브라질리언 트래커

잉글리시 워터 스패니얼

싸움을 목적으로 한 부지 유지를 금지했다. 법은 성공적이었으나 예상치 못한 부작용으로 올드 잉글리시 불도그는 멸종되었다. 불렌바이저 등 많은 초기 투견 품종들도 같은 운명을 맞이했다. 올드 잉글리시 불도그의 혈통은 그들의 후손이자 미국의 유나이티드 케널 클럽에서 인정하는 올드 잉글리시 불도그(Old English Bulldogge, 오타 아님.) 등의 품종으로 이어지고 있다.

가장 최근에 멸종된 품종은 2012년에 멸종한 사할린 허스키라는 것이 일반적인 의견이다.

개체 수 유지

영국의 TKC는 1년에 300마리 이하로 등록되는 품종을 취약한 품종으로 간주한다. 450마리 미만이 등록되는 경우 '유의 필요'로 분류한다. 전 세계에 비슷한 제도가 존재한다. 미래에 등장할 이 책의 판본에 멸종된 견종에 대한 부분이 더 길어지지 않게 하기 위해서이다.

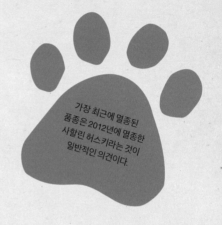

올드 잉글리시 불도그

기록을 깬 개들

세상에서 가장 빠른 사나이인 자메이카의 육상 선수 우사인 볼트(Usain Bolt)도 오스트레일리언 그레이하운드 환타(Fanta)의 뒤를 따라 결승선을 통과할 것이다. 볼트가 기록한 최고 속도는 2009년 100미터 경기에서 세운 시속 44.73킬로미터였다. 하지만 환타의 개인 최고 기록에 비하면 절반 정도밖에 안 되는 속도이다.

세계에서 가장 빠른 개

어마어마하게 빠른 오스트레일리언 그레이하운드 환타는 62경기에 참여해 그중 42경기에서 우승했다. 2018년에 은퇴할 때까지 환타는 주인에게 상금으로 1400만 오스트레일리아 달러를 벌어 주었다.

새끼를 가장 많이 낳은 개

나폴리탄 마스티프인 티아(Tia)는 한 배에 강아지를 24마리 낳았다. 수의사는 주인에게 강아지를 8마리, 어쩌면 10마리 낳을 것이라고 말했기에 계속 강아지가 나와서 적잖이 놀랐다고 한다.

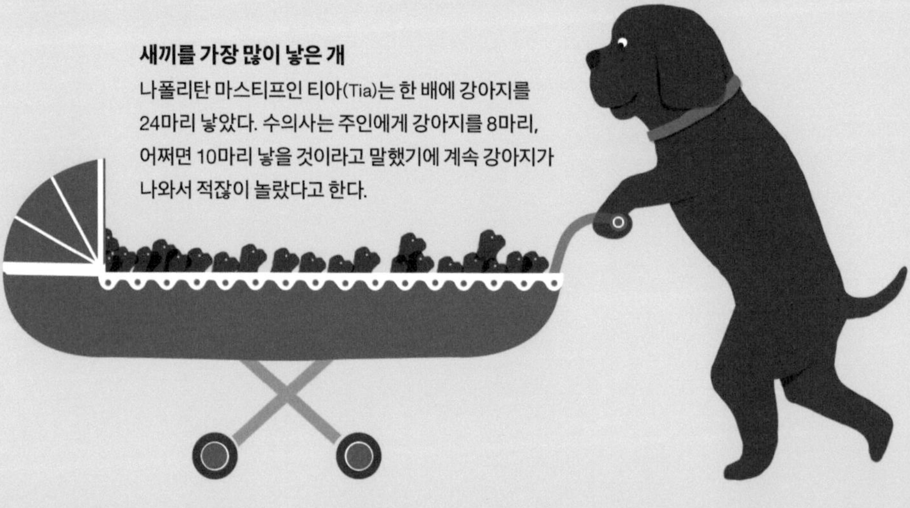

개같은 삶

그때 그 시절 블루이(Bluey) 같은 오스트레일리언 캐틀도그는 특히나 장수하는 것 같다. 블루이는 1910년 6월 17일부터 1939년 11월 14일까지 목장에서 일했다.

블루이, 블루 힐러
29년 160일

우사인 볼트, 개 아님.
44.73 km/h

극단적 극단

티거 같은 블러드하운드는 예민한 후각을 지닌 끈질긴 추적자로, 전 세계의 경찰 조직이 활용하는 견종이다. 블러드하운드는 코와 긴 귀를 땅에 끌고 있기 때문이다!

* 티거의 오른쪽 귀가 기록을 보유하고 있다. 왼쪽 귀는 겨우 34.2센티미터!

제일 긴 귀
티거(Tigger), 블러드하운드
34.9센티미터*

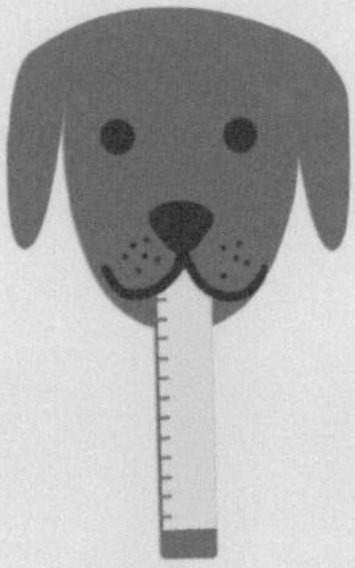

제일 긴 혀
모치(Mochi), 세인트 버나드
18.6센티미터

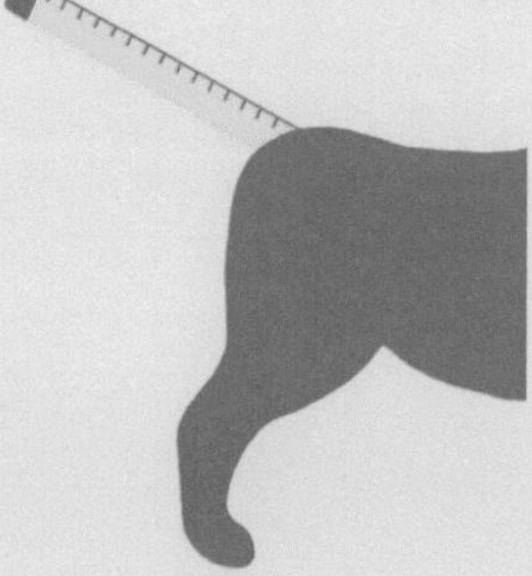

제일 긴 꼬리
키언(Keon), 아이리시 울프하운드
76.8센티미터

법과 개

찰스 디킨스(Charles Dickens)의 『올리버 트위스트』에 나오는 범블 씨는 "법은 멍청이"라는 유명한 말을 남겼다. 세계 곳곳의 개들 입장에서 보면 법은 멍청이라는 말을 부정하기 어렵다. 여기 소개한 법 중 일부는 개를 보호하려는 법이고, 또 다른 일부는 개로부터 인간을 보호하려는 법이다. 하지만 상식이란 것이 존재한다면 이런 법은 아마 필요조차 없을 것이다.

냄새 한 번 지독하네!

우리는 모두 이따금 개 냄새가 좀 심해질 수 있다는 것을 알고 있다. 하지만 미국 델라웨어 주 뉴캐슬에는 냄새나는 멍멍이를 데려가지 말기를 당부한다. 뉴캐슬 법에 따르면 개도 '공적 불법 방해'에 해당할 수 있는데, '유해하거나 불쾌하거나 공공에 상당한 방해, 불편 또는 상해를 초래하는 냄새를 풍기는 경우' 그러하다.

죽도록 잘못된

개 산책 관련 규제는 미국 전역에서 상당히 엄격해서 개를 줄에서 풀고 산책하는 것을 허용하는 곳도 거의 없다. 하지만 코네티컷 주 하트포드에서는 심지어 줄을 매더라도 묘지에서 개를 산책시키는 것은 불법이다. 아마 개들이 뼈를 파헤칠까 봐 걱정하는 것 같다.

3의 법칙

조지 오웰(George Orwell)의 『동물 농장』은 동물들이 다스리는 세계를 그린다. 거의 미국 전역에서 시장의 서면 허가 없이 세 마리 이상의 개가 사유지에서 회동을 하지 못하는 이유가 혹시 그 때문은 아닐까? 개들이 모여서 무슨 일을 꾸밀지 누가 알겠는가.

산책!

운동을 많이 하기 싫다면 이탈리아 토리노에서는 개를 키우지 않는 것이 낫다. 토리노에는 적어도 하루 세 번 개를 산책시켜야 한다는 법이 있다. 하루에 산책 두 번이 의무인 독일에서는 그나마 부담이 덜하다.

쉿!

2007년까지 영국 랭커셔 주 바닷가 마을 모컴에서는 경찰 경고를 받고도 개에게 짖으라고 부추기는 행위가 금지였다.

의무 휴식

만일 일본에서 개를 사고 싶다면 너무 늦은 시간은 피해야 한다. 펫숍의 개 전시는 저녁 8시까지만 허용되어 있으며, 이후에는 개들도 잠자리에 들어서 12시간 동안 건강과 미모를 지켜 줄 수면을 취해야 하기 때문이다.

개 세금

독일에는 개에게 부과되는 추가 세금이 있는데, 견공의 크기와 종류에 따라 액수가 달라진다. 독일의 동물 보유세(Hundesteuer)는 사람들이 개를 지나치게 많이 기르지 못하도록 하는 동시에 개와 관련된 서비스 비용 지불을 보조하기 위한 제도이다.

교수형 당할 죽을 죄

영국에서 왕실보다 중요한 존재는 없으므로 1965년까지 허가 또는 제대로 식도 올리기 전에 개가 왕가의 개와 짝짓기를 하도록 방조한 자는 사형에 처했다는 것도 딱히 놀랍지는 않다.

밝은 깨우침의 법

스웨덴 사람들은 정신 건강을 매우 중시한다. 개에게도 마찬가지이다. 개들은 해가 드는 창문 경관에 접근할 수 있어야 한다. 평균적으로 스웨덴에서 45퍼센트의 시간 동안 해가 든다는 것을 감안하면 어쩌면 모든 개에게 선글라스도 지급해야 할 것 같다.

크러프츠

최초의 크러프츠는 1886년에 개최되었고 당시 실제 사용된 이름은 제1회 위대한 모든 종류의 테리어 쇼(First Great Show of All Kinds of Terriers)였다. 5년이 지난 후에야 크러프츠 도그 쇼는 현재와 같은 이름을 갖게 되었다.

1891년, 크러프트의 제7회 위대한 도그 쇼가 이후 1939년까지 런던 왕립 농업 회관에서 개최되었으며 참여 대상은 전 품종이었다. 하지만 1905년에서야 베스트 인 쇼(Best in Show) 상 시상이 시작된다. 당시 명칭은 '베스트 챔피언'이었고 더 익숙한 명칭은 1928년부터 사용된다.

크러프츠가 유래된 창립자 찰스 크러프트(Charles Cruft)의 이름은 최초의 카탈로그 표지 안쪽에 'Chas' 라고 적혀 있다. 회사 사환으로 제일 처음 개의 세계에 발을 들인 그는 최초의 개 사료 제조업체 스프래츠(Spratt's) 출장 영업 사원으로 일하게 된다. 유럽 전역으로 출장을 다니며 다양한 도그 쇼 주최 의뢰를 받은 것이 최초의 도그 쇼, 전 세계에 '크러프츠'로 알려진 도그 쇼의 시작점이 되었다.

1991년부터 크러프츠 도그 쇼는 버밍엄의 국립 전시 센터(NEC)에서 개최되고 있다. 1979년부터 NEC 시대 전까지는 1948년부터 개최 장소였던 올림피아에서 멀지 않은 런던 얼스 코트에서 행사가 열렸다.

1974년에는 행사 이름을 크러프트의 쇼(Cruft's)에서 크러프츠(Crufts)로 변경하는, 크러프츠 도그 쇼 역사상 매우 중요한 일이 일어난다. 문법적으로는 아포스트로피(')가 있어야 정확하지만, 더는 아포스트로피가 필요하지 않다는 결정이 내려졌다.

베스트 인 쇼

해마다 크러프츠에서는 많은 일들이 일어나지만 가장 유명한 행사는 최고상인 베스트 인 쇼 시상이다. 혈통견만 참여할 수 있고 품종 기준 또한 까다롭다. 마지막 날 시상식에 오르기 위해서는 3라운드의 경쟁을 거쳐야 한다. 우선 각 견종에서 최고(Best in Breed)를 뽑는다. 견종별 1위 수상자들이 견종 그룹 최고상을, 견종 그룹 최고상 수상자들이 베스트 인 쇼를 놓고 경합을 벌인다. 항상 2등도 선발하며, 2등은 예비 베스트 인 쇼(Reserve Best in Show)라고 한다.

베스트 인 쇼 수상견 중 54퍼센트가 조렵견과 테리어, 단 두 그룹에서 배출되었다. 역대 최고령 우승자는 2011년 우승 당시 9년 7개월이었던 플랫코티드 레트리버인 보스 더 켄터키언(Vbos The Kentuckian)이다. 역대 최연소 우승자 엘치 엘더 오브 오버로우(Elch Elder of Ouborough)는 베스트 인 쇼 상을 받은 유일한 그레이트 데인으로, 1953년 시상대 최정상에 올랐을 때 두 번째 생일을 2개월 앞두고 있었다.

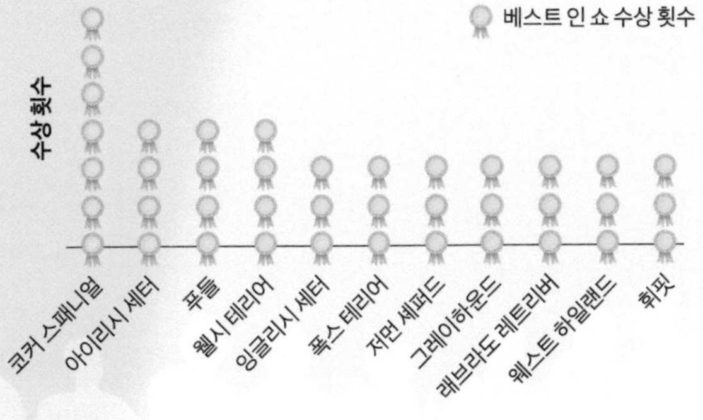

견종별 수상 횟수

항상 들러리라니. 케리 블루 테리어와 미니어처 푸들은 우승한 적은 없지만 2위 자리에는 각 3회씩 오른 바 있다. 코커 스패니얼이 총 7회 우승을 기록해 다른 품종 대비 확실히 두각을 나타낸다. 코커 스패니얼의 수상 횟수 7회 중 1회를 제외한 나머지는 모두 H. S. 로이드 씨가 배출한 코커 스패니얼이 차지한 우승이다. 6회 우승은 다음으로 가장 많이 우승한 참가자보다 2배 많은 기록이며, 2회 이상 우승을 차지한 개 5마리 중 3마리가 로이드 씨의 개이다.

새로운 경연들

베스트 인 쇼와 하위 단계 경연 외에도 현재 크러프츠 도그 쇼에서는 다양한 경연이 개최된다. 가장 먼저 도입된 경연은 1955년 시작된 오비디언스(Obedience)이다. 물꼬가 트이기 전까지 20년 동안은 오비디언스가 유일한 경쟁 부문이었다. 1978년에는 어질리티(Agility) 시범이 시작되었고 1980년부터는 경연도 개최되었다. 1990년에는 플라이볼, 다년간의 시범 경기 이후 2005년에는 도그 댄스(Healwork to Music) 경연이 시작되었다. 오브리디언스(Obreedience, 오타 아님.)는 다양한 품종들이 오비디언스 심사를 경험해 보도록 권장하기 위해 새로 추가되었다. 어린 도그 핸들러를 위한 경연, 사냥개를 위한 게임 키퍼 경연도 열린다.

오비디언스와 어질리티 모두에서 가장 자주 우승한 품종은 예상을 깨지 않는다.

오비디언스

오비디언스 경연에서는 힐워크, 부르면 오기, 원거리 통제, 갖고 오기 등 다양한 검증을 통해 개가 지시를 따르는 훈련이 얼마나 잘 되어있는지를 시험한다. 사역 시프도그가 2위와 상당한 차이를 둔 1위를 차지했다.

어질리티

어질리티는 기본적으로는 개들을 위한 유격 장애물 코스이고, 제일 빠르게 코스를 돌아오는 개가 이기는 경기이다. 활기차고 운동 신경이 좋은 보더 콜리가 가장 많은 우승을 차지했다.

베스트 인 그룹

베스트 인 그룹 상이 최초로 수여된 해는 1956년이었다. 그전에도 견종별, 그룹별 심사는 시행되었지만 단순히 베스트 인 쇼 후보를 좁히기 위한 목적으로만 시행되었다. 1956년에는 하운드, 총사냥개, 테리어, 토이, 비조렵견 그룹에서 베스트 인 그룹을 뽑았다. 1967년에는 비조렵견을 실용견과 사역견 그룹으로 나누어 심사했다. 목양견 그룹이 1999년에 도입되어 현재는 총 7개 그룹에서 심사가 이루어진다. 다음 도표는 각 그룹에서 가장 우승을 많이 차지한 다섯 품종과 수상 횟수를 나타낸다.

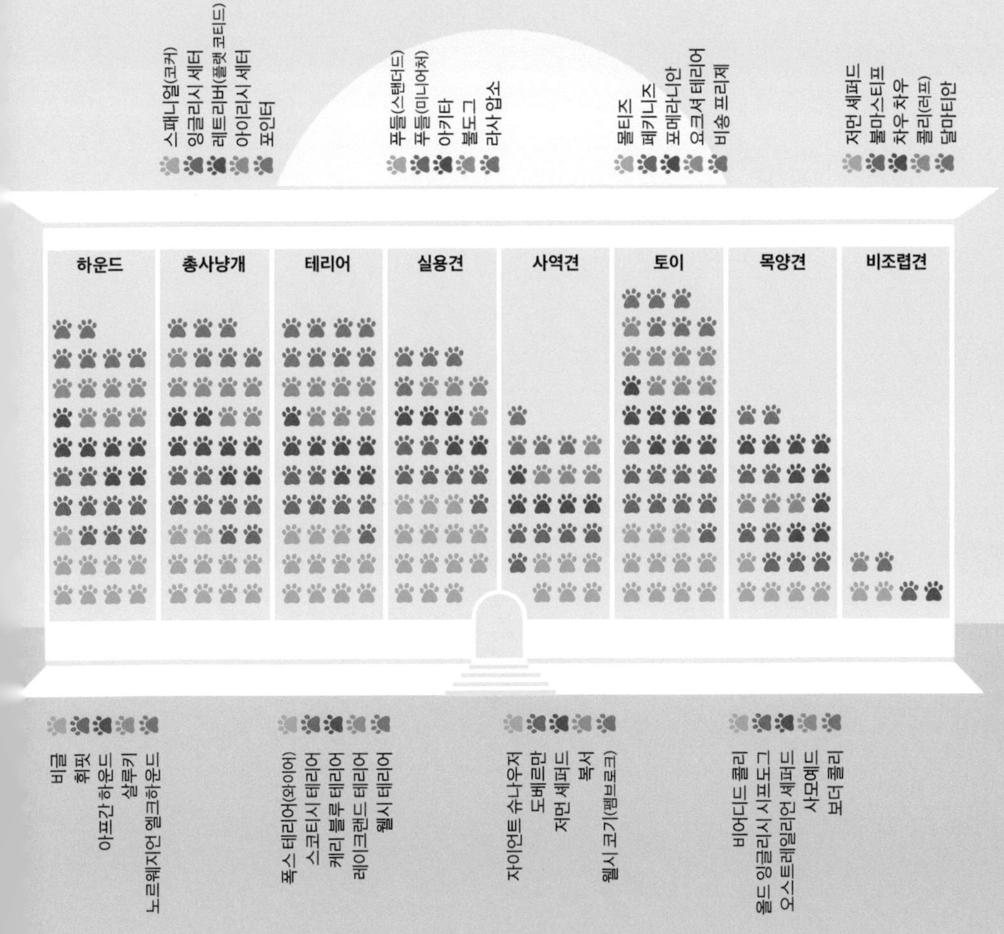

개 같은 일생

무엇이 행복한 삶을 만드는가? 행복한 삶에 정해진 공식이 있는 것은 아니지만, 평균적인 개의 일생을 구성하는 다양한 수치가 존재한다. 개의 평균 기대 수명인 11.5년 내지 4200일, 즉 목성이 태양을 공전하는 데 걸리는 시간을 기준으로 체중이 20킬로그램인 개 한 마리의 일생을 반들어 내는 중요한 수치들을 소개한다.

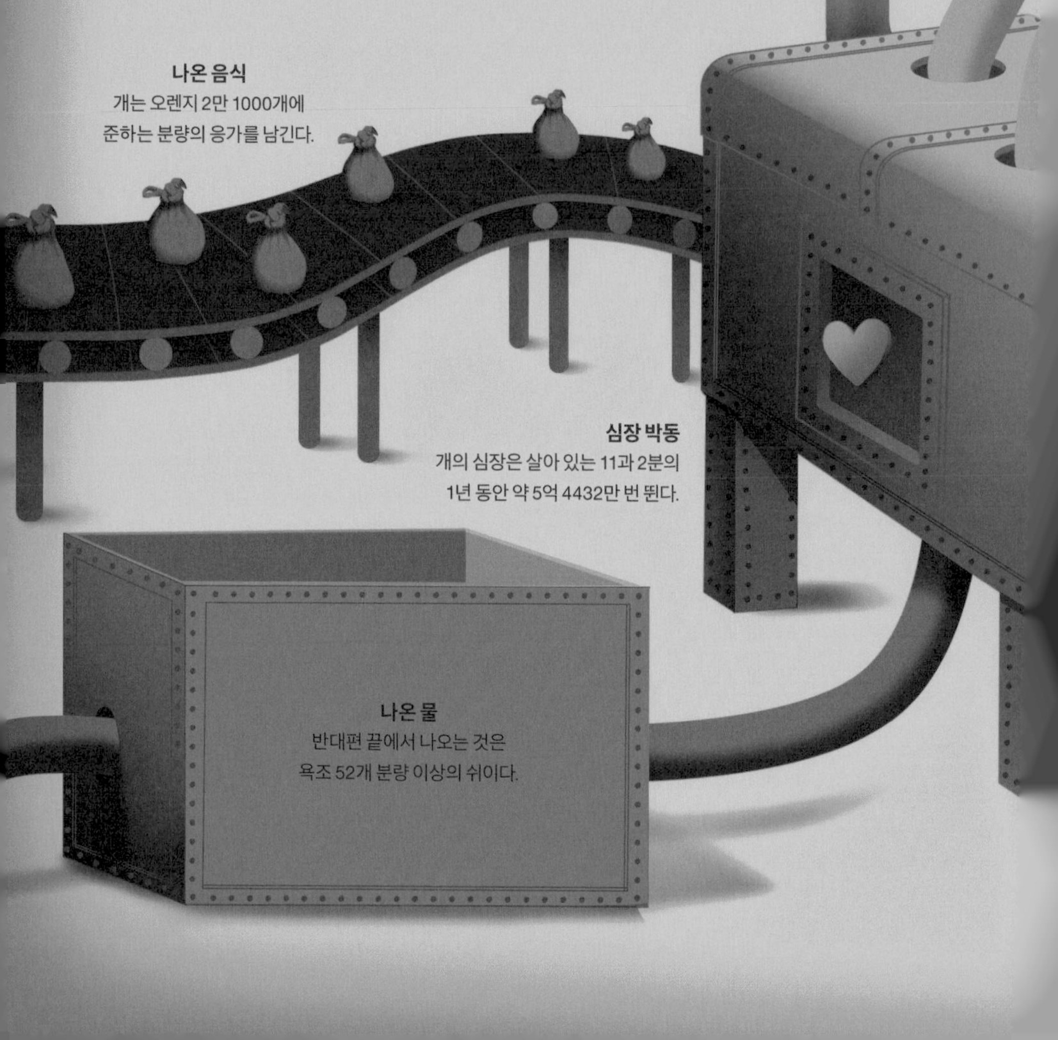

나온 음식
개는 오렌지 2만 1000개에 준하는 분량의 응가를 남긴다.
심장 박동
개의 심장은 살아 있는 11과 2분의 1년 동안 약 5억 4432만 번 뛴다.
나온 물
반대편 끝에서 나오는 것은 욕조 52개 분량 이상의 쉬이다.

만일 당신과 개가
매일 평균 5킬로미터
거리를 산책한다면 평생
산책한 거리는 달을 두 바퀴 돈
거리에 맞먹는다.

들어간 물

평생 개는 5000리터 이상의 물을 마실 것이다. 어마어마한 양 같지만 알고 보면 올림픽 규격 수영장 물 용량의 0.2퍼센트밖에 안 된다.

들어간 음식

매일 1킬로그램에 약간 못 미치는 음식을 먹는다 해도 개가 평생 먹는 양을 모두 더하면 아시아 코끼리 몸무게가 된다. 상당히 큰 밥그릇을 마련하시기를!

웨스트민스터 케넬 클럽 도그 쇼

최초의 크러프츠 도그 쇼 공식 행사가 시작되기 만 14년 전인 1877년, 제1회 연례 뉴욕 벤치 도그 쇼(Annual New York Bench Show of Dogs)가 열렸다. 이 행사는 웨스트민스터 케넬 클럽의 '후원 하에' 2년 후 매디슨 스퀘어 가든이 되는 길모어스 가든스에서 개최되었다. 1만 2000마리가 넘는 개들이 참여했고, 너무나 인기가 높았던 나머지 더 많은 방문자가 개들을 볼 수 있도록 행사를 1일 연장해 총 4일 동안 행사가 진행될 정도였다.

웨스트민스터 케넬 클럽은 '현장에서' 개들을 작업시키는 것, 특히 사냥을 돕기 위해 출범했다. 웨스트민스터 케넬 클럽은 책임감 있는 개 소유를 장려하고 품종 표준을 유지하려는 조직으로 발전했다. 이 단체는 AKC의 포인팅 품종 총사냥개 챔피언십에 상패를 수여하는 단체로, 원래 사냥개와 깊은 연고가 있다.

최초의 베스트 인 쇼는 1907년에 수여되었으며, 상은 워런 레머디라는 스무스헤어드 폭스 테리어에게 돌아갔다. 같은 개가 그 후로 2년간 또 우승을 차지했다!

베스트 인 쇼

압도적 차이로 베스트 인 쇼를 가장 많이 받은 품종은 와이어 폭스 테리어로 총 15회 우승을 차지했다. 베스트 인 쇼를 가장 많이 받은 10대 품종 중 다섯 품종이 테리어이다.

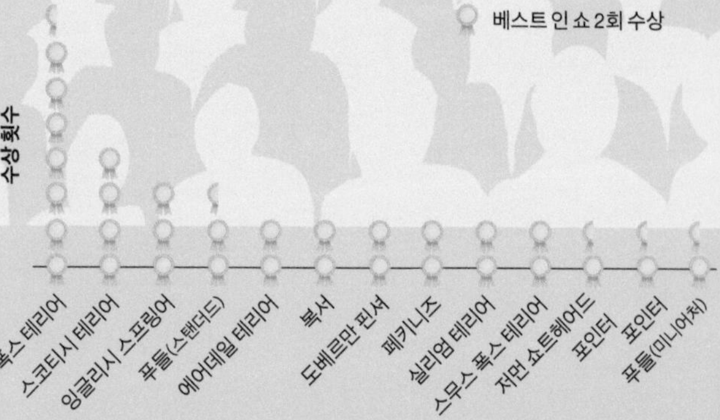

다관왕

사교계의 명사 윈스럽 러더퍼드(Winthrop Rutherfurd) 소유의 워런 레메디(Warren Remedy)는 베스트 인 쇼를 3회 수상한 유일한 개라는 기록을 보유하고 있다. 가장 최근의 다년 연속 수상 기록은 D.J.라는 잉글리시 스프링어 스패니얼이 1971년과 1972년에 베스트 인 쇼를 수상한 사례이다.

다른 경연들

1934년부터 운영된 주니어 쇼맨십 경연은 18세까지의 젊은 핸들러들의 참여를 독려하기 위한 행사이다.

어질리티 경연은 2014년에 도입되었으며 혼종견도 참여할 수 있다. 경연 참여견들은 달리고 뛰어오르고 장애물을 넘나들며 시간 기록을 두고 경쟁한다. 딱 한 해를 제외하고는 항상 보더 콜리가 우승했으며, 2016년에는 예외적으로 오스트레일리언 셰퍼드인 홀스터(Holster)가 우승을 차지했다.

오비디언스 경연은 2016년에 도입되었다. 딱히 놀랍지도 않겠지만 항상 래브라도 레트리버가 우승을 차지했다. 실은 한 마리가 계속 우승했는데, 그 개의 이름은 수상 기록과 역설적이게도 럼라인의 원스 인 어 블루 문(Rhumbline's Once In A Blue Moon, 극히 드물다는 뜻. — 옮긴이)이다.

견종 그룹별 베스트 인 쇼 수상 횟수

베스트 인 쇼 순위표에서 테리어가 1위를 차지하고, 조렵견이 상당히 차이가 나는 2위를 점하고 있다. 목양견 그룹(Herding group)은 비교적 최근에 추가되었기 때문에 순위가 뒤로 밀렸다고 해도 놀랄 일은 아니다.

베스트 인 그룹

베스트 인 그룹은 1924년 이래로 시상되었으며, 1930년에는 하운드가, 1983년에는 목양견이 추가되었다. 그레이하운드가 하운드 그룹에서 선두를 달리지만 베스트 인 쇼까지 수상하지는 못했다. 반면 네 번에 한 번 꼴로 에어데일이 테리어 그룹에서 선두를 차지했고 베스트 인 쇼도 수상했다. 다음 도표는 각 그룹에서 가장 우승을 많이 차지한 다섯 품종과 수상 횟수를 나타낸다.

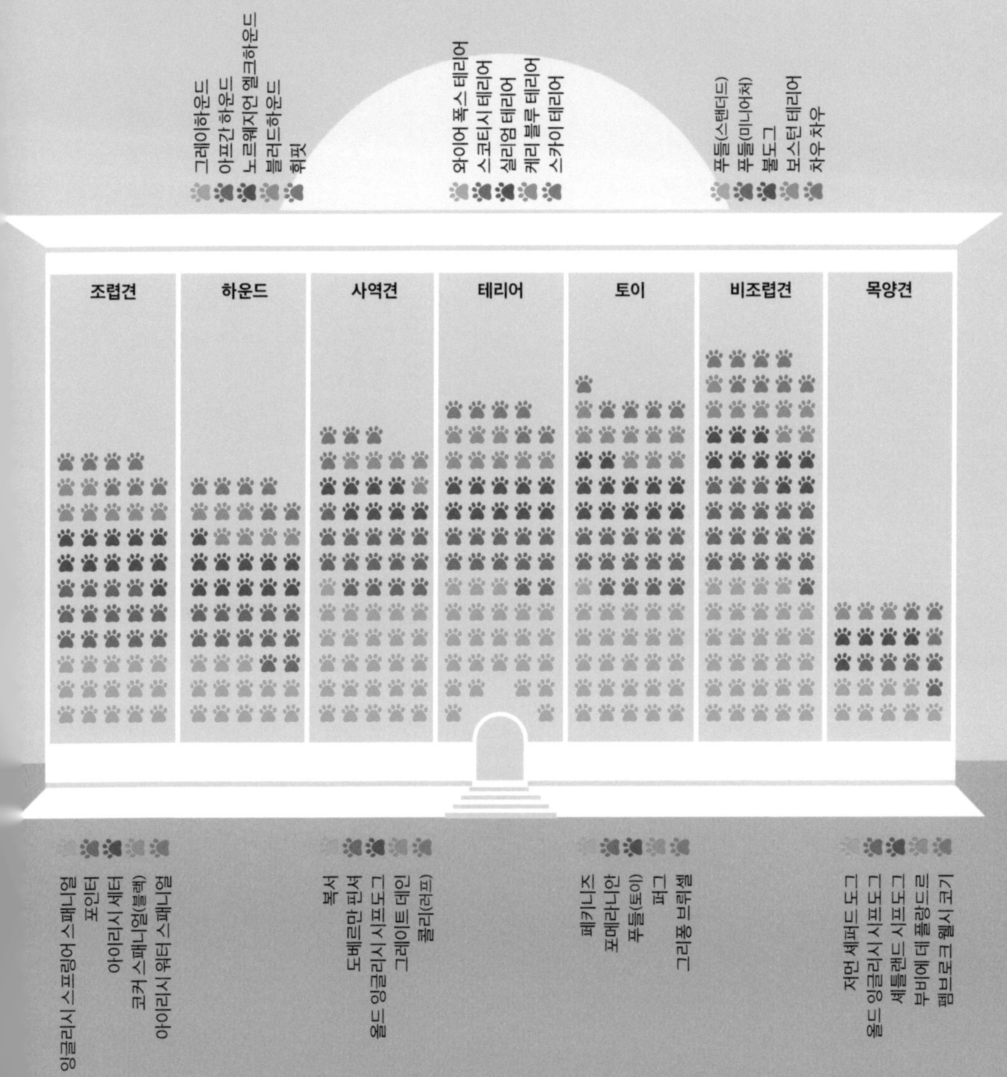

거대한 그리고 자그마한

세계의 모든 동물 중 갯과 동물의 크기가 가장 다양하다. 다음 기록은 그 증거이다. 너무나 작은 밀리가 당나귀만큼 큰 제우스 옆에 서 있는 모습을 한 번 보자! 만약 사람에게 비슷한 수준의 몸집 차이가 있다면, 즉 개의 키 극과 극을 사람으로 비유한다면 세계에서 제일 키가 큰 사람은 6.4미터일 것이다.

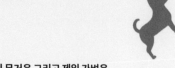

제일 무거운 그리고 제일 가벼운

힘센 조르바는 어깨까지의 키가 거의 1미터이고 몸 길이는 2.5미터이다. 앞발만 조심스럽게 올려 놓아도 깃털처럼 가벼운 더키가 훽 날아가 버릴 수 있다. 이렇게 비교하는 동안 다친 동물은 한 마리도 없었다는 점 참고 바란다.

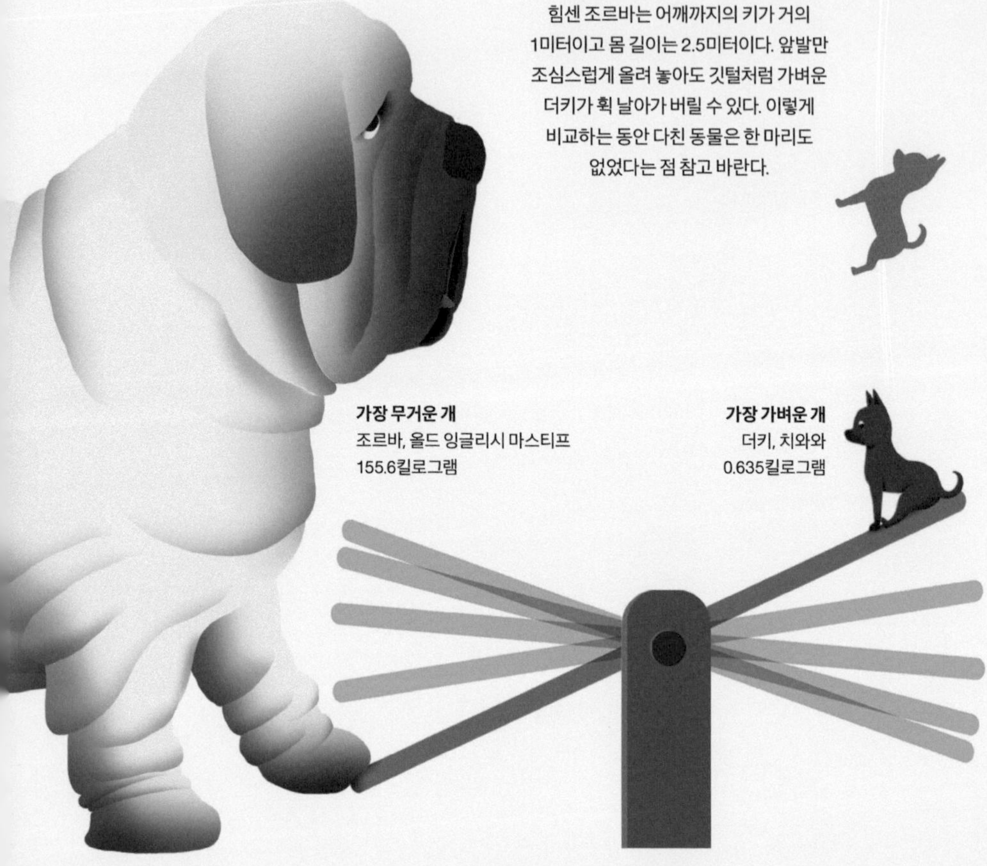

가장 무거운 개
조르바, 올드 잉글리시 마스티프
155.6킬로그램

가장 가벼운 개
더키, 치와와
0.635킬로그램

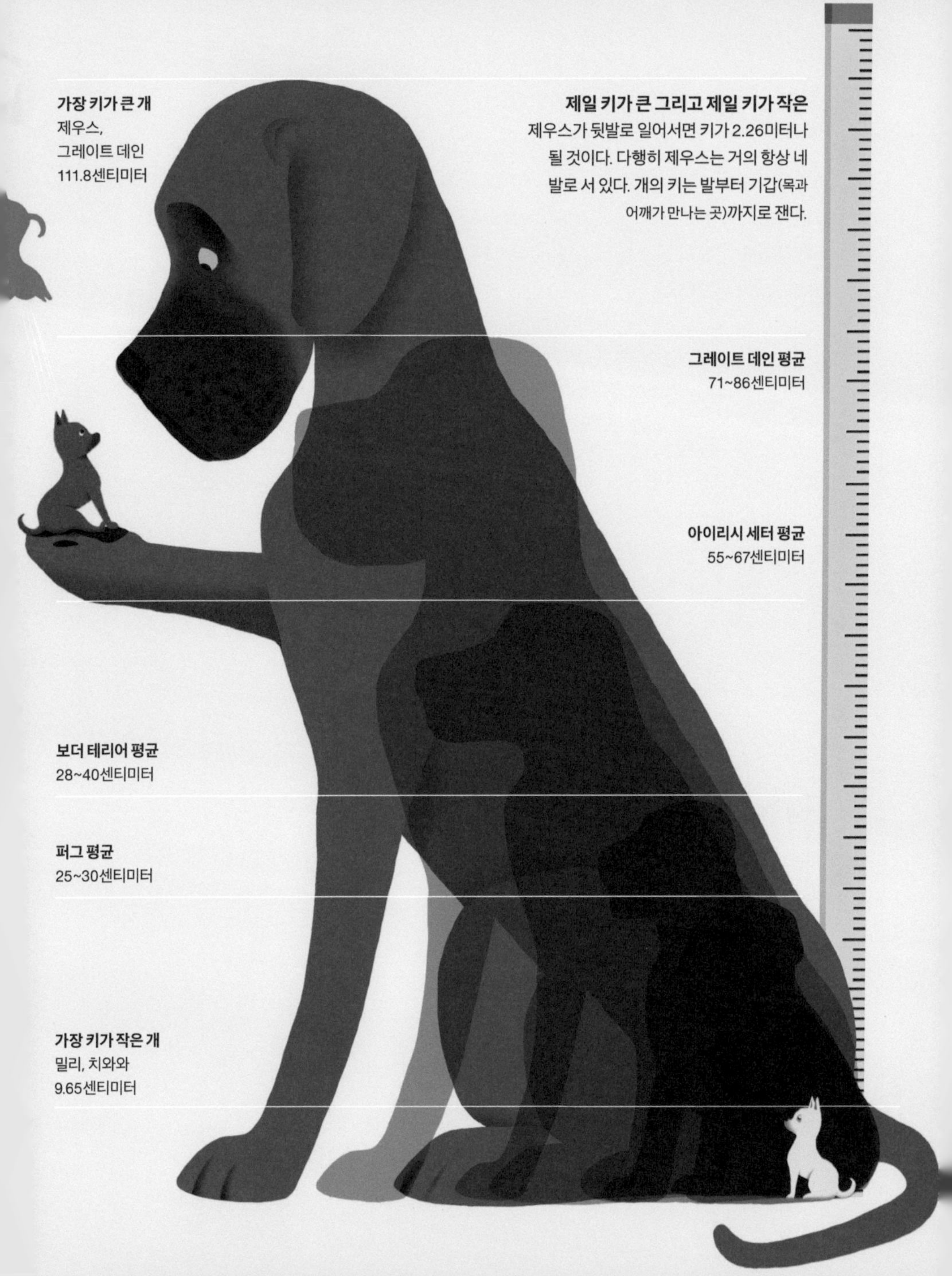
가장 키가 큰 개
제우스,
그레이트 데인
111.8센티미터
제일 키가 큰 그리고 제일 키가 작은
제우스가 뒷발로 일어서면 키가 2.26미터나 될 것이다. 다행히 제우스는 거의 항상 네 발로 서 있다. 개의 키는 발부터 기갑(목과 어깨가 만나는 곳)까지로 잰다.
그레이트 데인 평균
71~86센티미터
아이리시 세터 평균
55~67센티미터
보더 테리어 평균
28~40센티미터
퍼그 평균
25~30센티미터
가장 키가 작은 개
밀리, 치와와
9.65센티미터

월드 도그 쇼

거의 80년 동안 크러프츠와 웨스터민스터 도그 쇼가 양대 최대의 도그 쇼로 자리하다 1971년, 월드 도그 쇼가 세계 최대 도그 쇼 대열에 합류한다. FCI가 주최하는 월드 도그 쇼는 개최지를 이동하며 모든 국가가 지구상에서 가장 놀라운 개들을 초청할 기회를 제공하는 것이 목표이다.

제1회 월드 도그 쇼는 헝가리 부다페스트에서 열렸고 이후에도 부다페스트가 행사를 2회 더 개최했다. 독일 서부의 도르트문트는 월드 도그 쇼를 가장 많이 개최한 도시로 총 4회 개최했다. 암스테르담과 멕시코시티는 각 3회 세계 반려견계의 중심이 되었고, 아카풀코에서 베로나에 이르는 20개 도시들도 1회씩 행사장을 마련한 바 있다. 덕분에 월드 도그 쇼는 상당히 많은 지역을 거쳐 간 거물급 행사가 되었다. 그리고 전 세계에서 2만 마리도 넘는 개들이 참여하는 규모 면에서도 거물급이다.

월드 도그 쇼를 특별하게 만드는 요소는 전 세계의 개들이 참여한다는 점이다. 우승자들의 출신국이 20개국에 달한다. 반면 크러프츠와 웨스트민스터 도그 쇼의 베스트 인 쇼 상은 고정 주최국이 수상하는 경우가 훨씬 많다. 이탈리아와 미국은 각 8회 우승 기록을 자랑한다.

뉴욕과 영국의 선배 행사들과 마찬가지로 월드 도그 쇼에서는 퍼레이드 링에서 보이는 모습, 퍼포먼스는 물론 개들이 무슨 일을 하는지도 보여 준다. 시상 부문은 어질리티, 오비디언스, 주니어 핸들링이다.

최고의 품종

살루키의 성공을 제외하면 경연의 최고상은 상당히 고르게 다양한 품종에 돌아간 듯하다. 체구가 큰 품종에 상이 더 많이 돌아간 것도 같다.

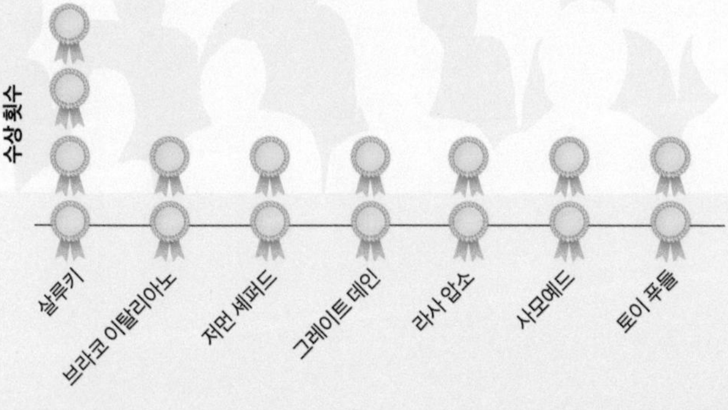

살루키의 성공

살루키가 크러프츠나 웨스트민스터 도그 쇼에서 우승을 한 적은 없지만 월드 도그 쇼에서는 다른 품종보다 2배 더 많은 횟수로 우승을 차지하며 최고의 자리에 올랐다.

상

개최지가 이동한다는 특징과 더불어 월드 도그 쇼를 차별화하는 또 다른 요소는 베스트 인 쇼 상이 없다는 점이다. "세계에서 가장 중요한 도그 쇼(원문 그대로)"에 그렇게 평범한 것은 없다. 세계 곳곳에서 온 개들이 인터내셔널 뷰티 챔피언 자격을 위한 증서(d'Aptitude au Championnat International de Beauté, Certificate of Aptitude for the International Beauty Championship) 혹은 CACIB를 두고 경합을 펼친다.

1971년부터 총 44회 수여된 CACIB의 2019년(2020년 행사는 코로나19로 인해 연기됨.) 우승자는 한국에서 온 웰시 코기(펨브로크) 리얼라인 파이널 보스(Realline Final Boss)로 최초의 웰시 코기 우승자였다. 어떤 견종(살루키)은 무려 4회나 우승컵을 놓치지 않았고 6개 견종이 각 2회, 28개 견종이 각 1회 우승을 차지했다. 아마 행사 개최지가 바뀌고 개최 지역에서 심사 위원을 초빙한다는 특징 때문에 특별히 우세한 품종은 없는 것 같다. 심지어 FCI의 그룹별 경연에서도 다양한 견종이 고르게 수상했고, 그룹 중 절반이 6회 이상 수상했다. 수상을 하지 못한 그룹은 4그룹이 유일한데 4그룹은 닥스훈트 그룹이기 때문에 그다지 놀랍지는 않다.

단 세 마리만이 CACIB를 2차례 받았다. 아브리사 폼 펠젠켈러(Abrisa vom Felsenkeller)라는 독일 출신 살루키가 1985년과 1986년에, 미국 출신의 사모예드 노스윈드스 라이징 스타(Northwind's Rising Star)가 1987년과 1988년에, 일본 출신의 토이 푸들 스매시 JP 토크 어바웃(Smash JP Talk About)이 2007년과 2010년에 CACIB를 각각 수상했다.

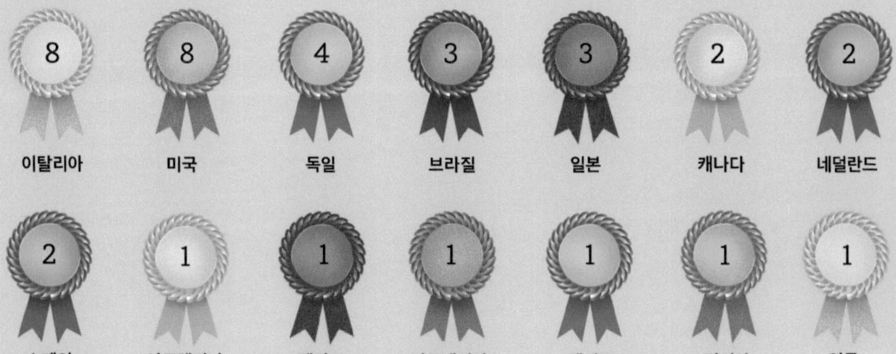

국가별 수상 횟수

출신지를 막론하고 타이틀은 최고의 개에게 돌아가기 때문에 지역에 따른 쏠림 현상은 없다. 핀란드, 헝가리, 노르웨이, 포르투갈, 한국과 스웨덴도 1회씩 우승자를 배출했다.

그룹별 우승자

다음 도표는 2000년부터 2019년까지 베스트 인 그룹 라운드에서 2회 이상 수상한 품종과 품종별 수상 횟수를 나타낸다.

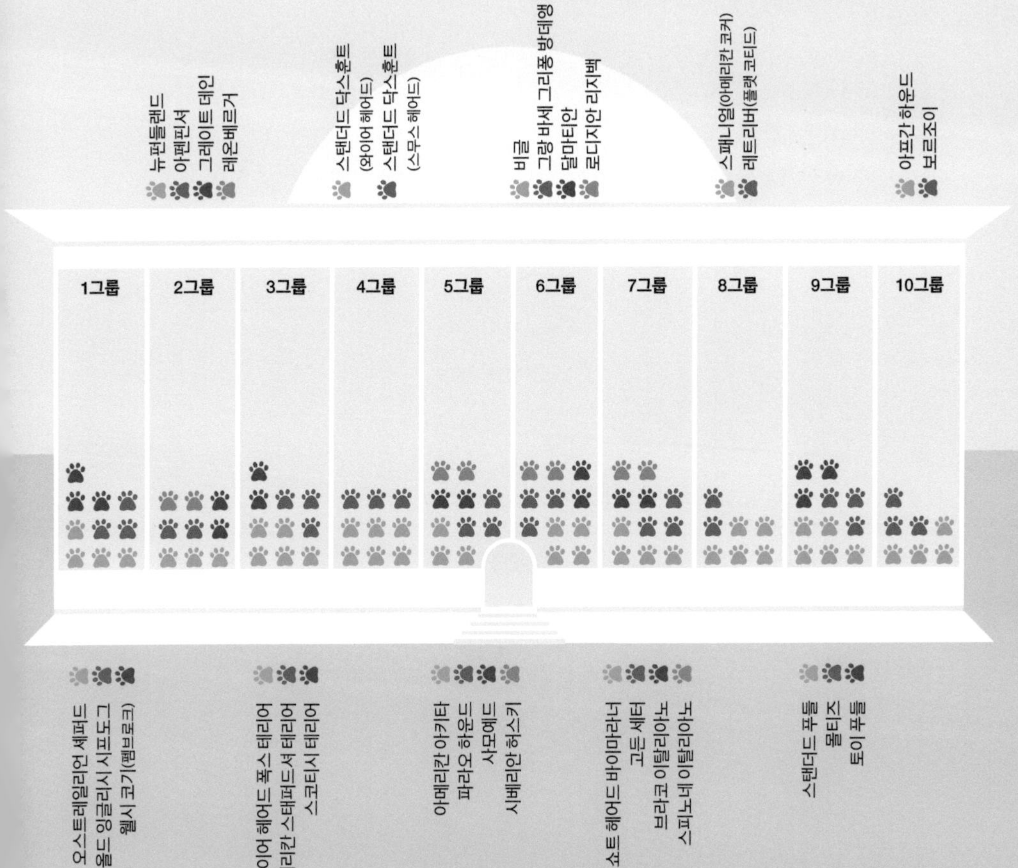

개 선택하기

순혈견에 높은 가치를 부여하는 이유 중 하나는 어떤 개일지 알 수 있기 때문이다. 제일 좋아하는 식당에서 정해진 음식을 선택하면 늘 같은 맛을 즐길 수 있듯이. 맛있게.

고려할 점들

개 선택하기는 상당히 어려운 결정이다. 이 도표를 통해 고려해야 할 여섯 가지 주요 사항을 소개하고 강아지의 부모가 되고자 하는 이들에게 적절한 방향을 제시하고자 한다.

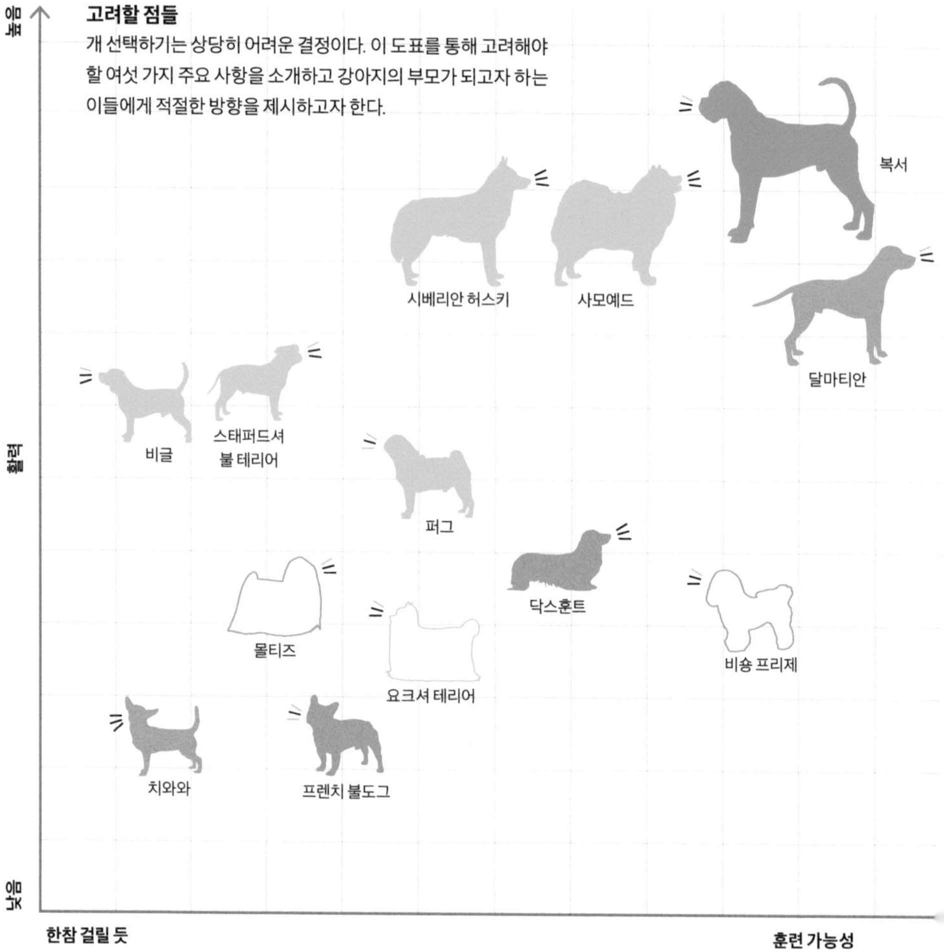

범례

성격
- 외향적임.
- 친화력 좋음.
- 경계심이 많고 반응이 빠름.
- 낯가림이 있음.

털 빠짐
- 있음.
- 없음.

시끄러운 정도
- 조용함.
- 말 많음.
- 귀마개 필수임.

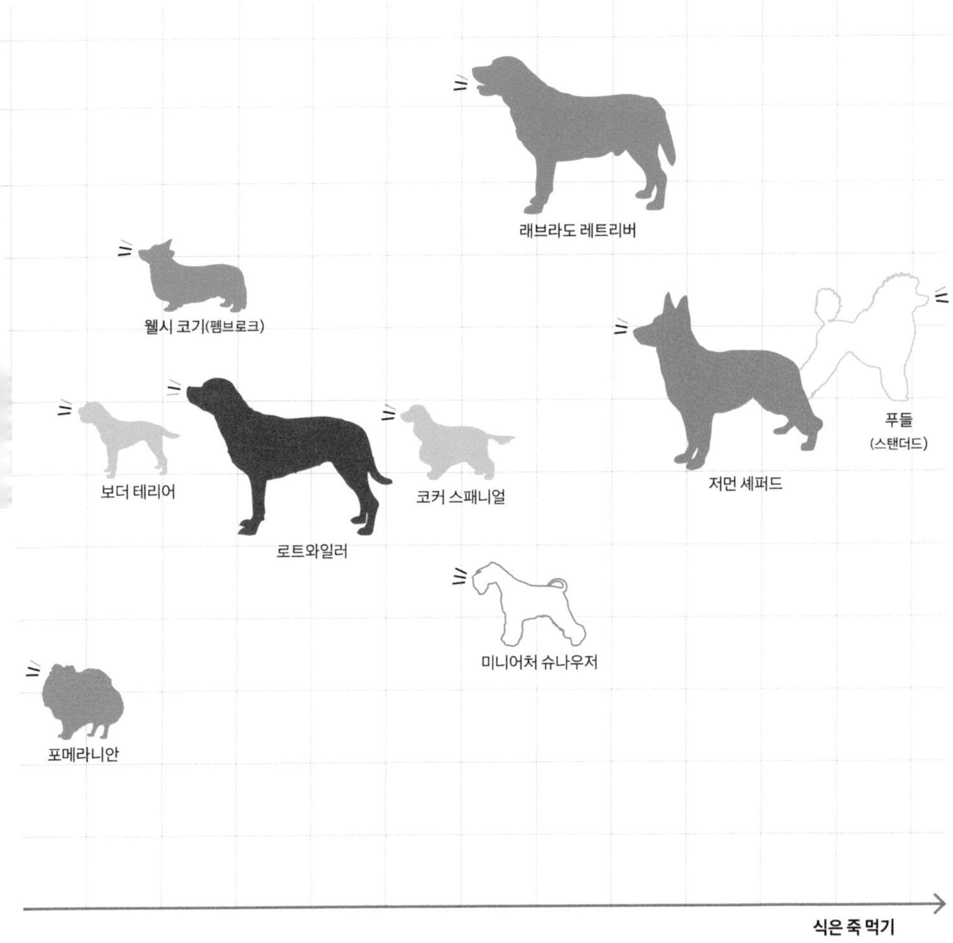

용어 해설

가슴뼈 Beastbone
브리스킷(유명한 말 시비스킷(Seabiscuit)과 헷갈릴 수 있으니 주의) 참고.

게이트(걸음걸이, 보행, 보양) Gait
개가 움직이는 방식.

고양이 같은 발 Cat-like feet
발가락이 가깝게 몰려 있는 둥글고 자그마한 발. 진짜로 고양이일 수도 있으니 주의할 것.

그리즐 Grizzle
대개 검은 털, 흰 털이 섞여서 청회색이나 철회색 빛이 나는 털. 일부 테리어 품종에서 볼 수 있음.

기갑 Withers
어깨에서 가장 높은 지점으로 거기에서 목과 등이 만난다.

더블 코트(이중모) Double coat
두텁고 따뜻한 속털과 방수가 되는 겉털로 이루어진 털. 개는 굳이 입을 필요 없는, 사람이 만든 코트가 아님.

등 Back
기갑 참고.

러프 Ruff
목 주변에 난 눈에 띄는 길고 두꺼운 칼라(collar, 깃). 대부분의 개가 실제 말할 줄 아는 몇 안 되는 낱말 중 하나.

마스크 Mask
얼굴, 주로 머즐(주둥이)과 눈 주변에 색이 짙은 부분. 진짜 마스크일 수도 있음.

목 밑에 처진 살 Dewlap
(블러드하운드 등) 일부 견종의 턱, 목젖, 목 주변에 늘어지고 처진 주름살. 늙은 개 주인에게서도 볼 수 있음.

목 Neck
기갑 참고.

바이컬러 Bicolour
흰색 외의 색과 흰색이 드문드문하게 섞인 털 색.

브리스킷 Brisket
가슴뼈 참고.

블레이저 Blazer
도그 쇼 심사 위원들이 입는 정장 재킷.

블레이즈 Blaze
주둥이에서부터 머리 꼭대기까지 이어지는 넓고 흰 무늬.

새들 Saddle
등까지 퍼져나가는 색이 더 짙은 부분. 말 안장 비슷한 모습임.

수달 꼬리 Otter tail
털이 두껍고 둥근 꼬리로 뿌리 부분은 넓고 끝으로 갈수록 가늘어진다. 아랫부분의 털은 가르마가 타진다. 래브라도 레트리버와 체서피크 베이 레트리버 등의 품종에서 수달 꼬리를 찾아볼 수 있다. 또 많은 수달에게서도 볼 수 있다.

수염 Beard
얼굴 아래 부분 주변에 나는 두껍고 때로는 굵고 숱 많은 털. 와이어헤어드 품종 개들과 그들의 주인에게서 종종 볼 수 있다.

스푼 같은 발 Spoon-like feet

고양이 같은 발(156쪽 참고)과 비슷하지만 모양이 타원에 가까운데, 가운데 발가락이 가장자리 발가락보다 더 길기 때문이다. 고양이일 수도 있고 털북숭이 손가락일 수도 있으므로 주의.

시저스 바이트 Scissors bite

개의 정상적 교합. 위 앞니(앞쪽 이빨)이 좀 더 앞쪽에 있지만 입을 다물면 아래 앞니와 맞닿는다. 다른 치아들도 빈틈없이 맞물려서 '가위'의 절단면을 형성한다.

어깨 Shoulder

기갑 참고.

엉덩이(크룹) Croup

개의 허리 중 꼬리 뿌리 바로 윗부분. 일부 매우 훈련이 잘 된 견종의 엉덩이는 가끔 테이블로 사용할 수 있음.

체고(키) Height

기갑 꼭대기에서 지면까지의 거리.

케이프 Cape

어깨를 덮는 두꺼운 털. 슈퍼 히어로들이 입는 망토와 헷갈릴 수 있으니 주의를 요하나, 슈퍼도그(superdog, 116~117쪽 참고)도 참고.

톱 노트 Topknot

머리 꼭대기의 긴 털 다발. 코로나 19 감염병 기간 중 미용실 폐쇄로 인해 인간들 사이에서 많은 인기를 얻었음.

톱라인 Topline

귀에서 꼬리에 이르는 개의 상체 윤곽. 보텀라인의 반대.

해크니 걸음걸이 Hackney gait

미니어처 핀셔 등 해크니 걸음걸이를 보이는 개들은 걸을 때 다리의 아랫부분을 특히 높게 들어올린다.

찾아보기

감사의 글

DK 수의학 관련 조언을 해 주신 새라 모건 박사, 교정 담당 조이 에바트, 색인 담당 헬렌 피터스에게 감사드립니다. 자료 제공과 웹사이트 정보 사용에 너그러이 동의해 주신 다음 분들, 아메리칸 케널 클럽, 오스트레일리언 케널 클럽, 포르투기스 케널 클럽, 네덜란드 케널 클럽 '라트 판 베히어', 일본 케널 클럽(미츠오 미우라), 한국 애견 연맹(김혜린), 더 케널 클럽(시에라 패럴, 애나 크랄로바), 웨스트민스터 케널 클럽(게일 밀러 비셔)에 감사드립니다.

대니얼 타타스키 이 책의 작업에 힘써 주신 DK의 모든 분들, 우선 내 아이디어가 마음에 든다고 처음 말해 준 프랜 베인스를 비롯해 아이디어가 책으로 완성되는 모습을 함께 그려 준 리즈 휠러와 캐런 셀프를 만나게 해 준 스테파니 밀너에게 감사를 전하고 싶다. 함께 해 준 팀원들, 킷 레인, 필 레추, 조지나 팰피, 에이미 차일드, 줄리 페리스, 앤절리스 가비라(순서 무관)에게 감사드리며 내 글에 생기를 불어넣어 준 데이비드에게 감사를 전한다. 나를 위해 자료실을 공개하고 샅샅이 뒤져 준 더 케널 클럽의 시에라 패럴과 애나 크랄로바에게 깊이 감사하며 관련 내용의 사실관계 확인에 힘써 준 웨스트민스터 케널 클럽의 게일 밀러 비셔에게 감사드린다. 4년 동안 매일같이 이 책 이야기를 해도 꾹 참아 준 케이티에게도 고맙다. 마지막으로, 그리고 너무나 당연하게도 루니에게 감사를 전하고 싶다. 루니가 없었다면 이 모든 일이 일어나지 않았을 것이다.